FARMING

农业种植系列读物

车艳芳 编著



# 现代棉花高产优质栽培技术

河北科学技术出版社

**图书在版编目(CIP)数据**

现代棉花高产优质栽培技术 / 车艳芳编著. -- 石家庄 : 河北科学技术出版社, 2013.12
ISBN 978-7-5375-6540-0

Ⅰ. ①现… Ⅱ. ①车… Ⅲ. ①棉花-高产栽培 Ⅳ. ①S562

中国版本图书馆 CIP 数据核字(2013)第 268963 号

**现代棉花高产优质栽培技术**
车艳芳　编著

---

出版发行　河北科学技术出版社
地　　址　石家庄市友谊北大街 330 号(邮编:050061)
印　　刷　北京楠萍印刷有限公司
开　　本　910×1280　1/32
印　　张　7
字　　数　140 千
版　　次　2014 年 2 月第 1 版
　　　　　2014 年 2 月第 1 次印刷
定　　价　25.80 元

---

# Preface 序

推进社会主义新农村建设，是统筹城乡发展、构建和谐社会的重要部署，是加强农业生产、繁荣农村经济、富裕农民的重大举措。

那么，如何推进社会主义新农村建设？科技兴农是关键。现阶段，随着市场经济的发展和党的各项惠农政策的实施，广大农民的科技意识进一步增强，农民学科技、用科技的积极性空前高涨，科技致富已经成为我国农村发展的一种必然趋势。

当前科技发展日新月异，各项技术发展均取得了一定成绩，但因为技术复杂，又缺少管理人才和资金的投入等因素，致使许多农民朋友未能很好地掌握利用各种资源和技术，针对这种现状，多名专家精心编写了这套系列图书，为农民朋友们提供科学、先进、全面、实用、简易的致富新技术，让他们一看就懂，一学就会。

本系列图书内容丰富、技术先进，着重介绍了种植、养殖、职业技能中的主要管理环节、关键性技术和经验方法。本系列图书贴近农业生产、贴近农村生活、贴近农民需要，全面、系统、分类阐述农业先进实用技术，是广大农民朋友脱贫致富的好帮手！

**中国农业大学教授、农业规划科学研究所所长**
**设施农业研究中心主任** 张天柱

2013年11月

# Foreword 前言

农业是国民经济的基础，是国家稳定的基石。党中央和国务院一贯重视农业的发展，把农业放在经济工作的首位。而发展农业生产，繁荣农村经济，必须依靠科技进步。为此，我们编写了这套系列图书，帮助农民发家致富，为科技兴农再做贡献。

本系列图书涵盖了种植业、养殖业、加工和服务业，门类齐全，技术方法先进，专业知识权威，既有种植、养殖新技术，又有致富新门路、职业技能训练等方方面面，科学性与实用性相结合，可操作性强，图文并茂，让农民朋友们轻轻松松地奔向致富路；同时培养造就有文化、懂技术、会经营的新型农民，增加农民收入，提升农民综合素质，推进社会主义新农村建设。

本系列图书的出版得到了中国农业产业经济发展协会高级顾问祁荣祥将军，中国农业大学教授、农业规划科学研究所所长、设施农业研究中心主任张天柱，中国农业大学动物科技学院教授、国家资深畜牧专家曹兵海，农业部课题专家组首席专家、内蒙古农业大学科技产业处处长张海明，山东农业大学林学院院长牟志美，中国农业大学副教授、团中央青农部农业专家张浩等有关领导、专家的热忱帮助，在此谨表谢意！

在本系列图书编写过程中，我们参考和引用了一些专家的文献资料，由于种种原因，未能与原作者取得联系，在此谨致深深的歉意。敬请原作者见到本书后及时与我们联系（联系邮箱：tengfeiwenhua@ sina. com)，以便我们按国家有关规定支付稿酬并赠送样书。

由于我们水平所限，书中难免有不妥或错误之处，敬请读者朋友们指正！

编　者

# CONTENTS
# 目 录

## 第三章 棉花品种的选择和繁育

## 第四章 棉花高产栽培技术



## 第五章 棉花病害及其防治

## 第九章 我国彩色棉栽培及前景展望

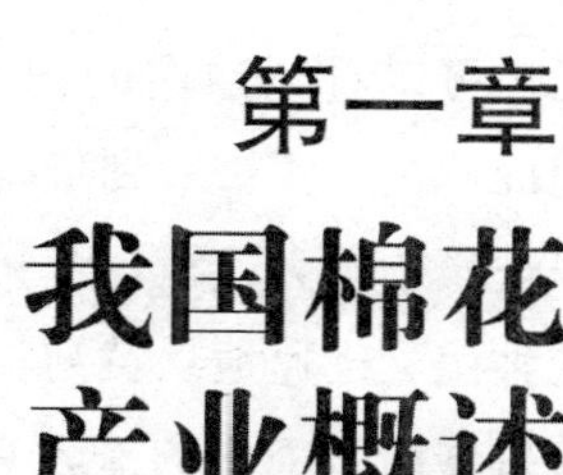

# 第一章 我国棉花产业概述

# 第一节 我国棉花产业发展现状

我国的棉花生产具有悠久的历史。考古研究表明，早在2000多年前，我国便开始了棉花的种植。南北朝至隋朝期间，现在广东的沿海、广西的桂林、云南西部和新疆的塔克拉玛干沙漠的南北两侧，都已经可以看到洁白的棉花；到隋、唐、宋朝，植棉业更加进步，种植面积进一步扩展到华南地区；12世纪后期到13世纪初期，随着种植规模的扩大，植棉业又进一步扩展到长江流域；14世纪中叶后，棉花种植又迅速地从黄河流域传播到全国；19世纪末至20世纪初，随着机器纺织工业的蓬勃兴起，更刺激了我国植棉业的迅猛蓬勃发展。进入21世纪以来，我国棉花产业发展也面临着一些新的问题和挑战：如何在不改变耕地总量的基础上靠提高作物熟制来提高棉花产量；如何进行棉花产业的经济结构调整，由单纯追求生产总量向高产优质的方向发展；如何进行棉花良种的种植并改进栽培技术，继续提高棉花产业出口创汇的份额。

我国自古以来十分重视棉花的生产，虽然受世界经济形势的影响，我国的棉花生产却仍然稳中有升。国家统计局发布的《2012年国民经济和社会发展统计公报》显示，2012年我国棉花的总播种面积为470万公顷，与以前相比，同比减少了34万公顷；在此基础上，棉花总产量却达到了684万吨，同比增加了3.8%；全国棉纺产业棉纱产出为2984万吨，提高了9.8个百分点；化纤产量为3800万

吨，也在原有的基础上增加了 12 个百分点；棉纺布的产量为 841 亿米，同比上升了 3.3%；国内棉纺服装零售额增长了 7.7%；服装及衣着附件出口总额 1591 亿美元，同比增加了 3.9%；棉纺纱线及其制成品出口总额为 958 亿美元，同比上升了 1.2 个百分点。2013 年，虽然受全国耕地调整的影响，我国棉花的耕种面积几乎下跌到了近十年以来的最低水平，首次少于 7000 万亩。但据当前我国棉花发展现状来看，在当前棉花的种植面积和近年正常单产水平的条件下，今年我国的棉花总产量应该仍不低于 650 万吨。

我国当前种植的棉花以细绒棉为主，其总产量不低于我国棉纤维总产量的 90%。随着棉花种植技术的发展，我国长绒棉、彩棉的种植和相关产业生产也发展迅速。通过棉花新品种的培育推广、植棉技术的改进，棉纤维的品质进一步优化，绝大多数棉纤维主体长度在 29 毫米以上，部分优质棉还达到了高于 31 毫米的水平。我国棉花产销的高速发展，有力地推动了我国棉纺织及其他棉料产业的发展，实现了社会经济整体迅猛发展的目标。

## 第二节 我国发展棉花产业的意义

我国植棉业的高速发展，也带动了一系列的相关棉纺产业的发展。

棉花全身是宝，在我国的经济作物中具有极其重要的地位。它不仅是我国棉纺经济发展中不可或缺的物质基础，而且深刻影响着我国进出口贸易的质量和效益。

棉花在我国的重要程度仅次于粮食。历史的发展证明，棉花产业发展的好坏关系到国计民生。产棉区农民收入的一半以上来自棉花。我国有1.6亿人从事棉花生产、收购、加工、经营和纺织等行业。国家“十五”计划期间，我国纺织业继续保持高速发展，和2000年的发展情况相比，2005年纺纱产量同比增长16.9%，纺织品及服装出口额同比增长17.2%。由于受耕地面积、水资源等实际情况限制，我国棉花的生产增长十分有限。“十五”期间，虽然棉花产量年均增长了5.3%，却赶不上棉花消费量年均增长15.1%的社会要求，我国棉花需求量的增长，促进了棉花进口量的增加，2003年到2005年，我国全年累计进口棉花总量为760万吨，大约相当于我国棉产量的一半。在“十二五”规划时期，我国又提出了转变经济发展方式的棉纺业发展主线，这为正处于结构转型期的中国棉纺业指明了前进的方向。“十二五”期间我国棉纺织行业将在发展的过程中有重点、有梯度地进行企业的产业调整和优化布局，促进各区域棉产业的协调发展，加快棉纺织行业改变单纯的规模增长方式的速度。

从我国棉纺织行业的生产规模来看：2010年我国国内的棉纱产量为2717万吨，按照每年5个百分点的增长速度来计算，截止到2015年，我国棉纱产量将突破3450吨；2010年我国的棉纺布产量为800亿米，按照每年增长5个百分点来计算，截止到2015年，我国国内机织布产量将突破1000亿米大关。

随着棉花生产以及棉纺织产业的高速发展，“十二五”时期，我国棉纺织类产品的出口创汇也在相应地增加。棉纺织制品和棉类服装的出口创汇将以7.5%和10%的速度增长。其中，纱线出口总量年均增长约2%，纯棉及混纺坯布出口总量年均增长5%，色织布（含牛仔布）出口总量年均增长约2%。随着世界各国对棉制品消费

的逐年增加，我国也在进一步扩大国外市场，预计到2015年，我国出口总折纱量也将高达550万~580万吨。棉纺织产业历来都是我国出口创汇的支柱型产业。除此之外，棉纺织工业作为劳动密集型产业，促进其快速发展，也有利于解决当前环境下严峻的就业形势，促进社会的健康迅速发展。

促进棉花产业的科学高效发展，不仅要发展纤维原料的相关产业，还要学会运用全面的眼光来看待棉花。棉纤维虽然历来被作为纺织工业的主要原料，但其只占棉花经济产量的40%左右，而剩下的约60%是棉籽。长期以来，由于人们对棉花的认识欠缺，人们普遍认为棉纤维是棉花的主产品，是栽培棉花的主要目的，而对于棉籽、棉秆等棉花副产品的经济价值认识不足。我们来算这样一笔账，如果每公顷产750千克皮棉，那么它的副产品中就包括棉籽1500千克，棉秆3000千克。

在棉籽中，7%~10%为短绒，40%为棉籽壳，50%为棉仁。在棉仁中，约含30%的油脂，30%~35%的蛋白质。由此推算，1公顷棉田所产生的棉籽，大约可生产出相当于1公顷大豆和0.5公顷小麦所生产的油脂和蛋白质。

由此可见，棉籽作为棉花重要副产品的地位是显而易见的。

此外，从棉籽上剥下的短绒，还是纺织、医药、火药、造纸所需的最佳原料。棉籽壳也并不是没有用处，它是培养食用菌和多种化工产品的优质原料。棉仁中还富含多种对机体有益的氨基酸及维生素。棉秆和棉秆皮还可以用作纤维板和造纸的原料，1 公顷地棉秆的作用约相当于 1.2 立方米木材。根据计算，以每公顷产 750 千克皮棉的副产品作原料，经多次加工利用，可开发出 130 多种对人类有利的社会产品，其综合经济效益也高达皮棉产值的几倍乃至十几倍。近年来，随着人们对棉花副产品的继续加工和再利用，其创造的经济效益更加不可估量。

# 第二章 棉花作物的生物特性

# 第一节 棉花的生物特性

## 一、无限生长

棉花具有无限生长的习性，在特定的生长期内，只要温度、光照等条件适宜，棉花就可以像多年生植物一样不断地生枝、长叶、现蕾、开花、结铃、持续开花、结果。在实际的农业生产中，如何充分发挥棉花的无限生长习性，使其在有限的季节中生产更多的果实，这无疑是一个值得重视的问题。近年来棉花种植中大面积推广应用的育苗移栽、地膜覆盖栽培等技术，都充分地发挥了它的这一特性，因而取得了良好的经济效益。

## 二、生长期重叠

处在营养生长期时，棉花主要生长根、茎和叶。从现蕾开始，就进入生殖生长期。从现蕾到吐絮这段时间内，棉花既长根、茎、叶等营养器官，又发育蕾、开花、结铃等生殖器官，所以称为营养生长与生殖生长并进、重叠期。当棉花生长了2~3片真叶时，就已经出现了花芽分化，由此可见棉花营养生长和生殖生长的并进、重叠期很长。

营养生长和生殖生长，既相互促进，又相互制约。营养生长是生殖生长必要的物质基础，没有足够的叶面积和营养体产生足够的有机养料，就会妨碍现蕾、开花和结铃，导致瘦弱株和早衰株的出现。若营养生长过旺也不可以。这时的养料大多供给茎、叶和枝的生长，减少了对生殖器官发育的供给，就会造成大量蕾铃脱落。棉花生长期较长，增加了遇到不良气候条件的几率，因此必须十分重视夏涝、伏旱等对棉花生长的影响。棉花的营养生长与生殖生长时间又长，这就决定了要对棉花进行科学的栽培管理，努力协调好棉株生长与外界环境条件的关系、营养生长与生殖生长的关系，才能达到桃多、桃大、高产、优质的生产目的。

## 三、增产潜力大

因为棉花具有无限生长习性，所以在适宜的条件下，就能不断地增生果枝，进而产生果节，增生花蕾、开花结铃，所以单株棉花着铃的潜力很大。若加上果枝和营养枝上的花蕾，单株现蕾数就更多，产量的增长潜力就会更大。然而实际情况是，最终能收获的有效铃一般只有几个或十几个，蕾铃脱落率一般为60%～70%，甚至高达90%。所以，充分研究蕾铃脱落的规律和机理，减少脱落、增加可收获蕾铃，是提高棉花产量的重要途径。

此外，棉花还具有明显的自动调节和补偿能力。以棉株结铃为例，一般坐桃早、前期结铃多的，就容易导致早衰，使后期不易结铃；而对于前期脱落多的棉株，只要管理得当，就可以增结后期伏桃和秋桃。近年来棉花生产过程中采用的去早蕾措施，就充分利用了棉花的自动调节能力。棉花的适应性广，种植区域也相对较广，无论是海拔1000多米的高地，还是低于海平面的洼地；无论是黄壤、红壤，还是轻度盐碱地均可种植，旱、薄、盐碱地经过适当的改造也可以用来从事棉花的生产。

棉花的株型还有较强的可塑性，棉株的大小、高矮和个体、群体的长势、长相等，都会随环境条件和栽培措施的变化而变化，这使得各地区棉花的高产成为了可能。如在肥水条件较差、无霜期较短的地区，可种植早熟品种，采用小株、密植、早打顶的增产途径，重视发挥群体的增产潜力；在栽培条件较好的地区，采用稀植、大株的种植方式，充分发挥个体的增产潜力。在不同地区采用不同的增产措施，就可以达到增产的最终目的。

## 四、喜温、好光

棉花为喜温作物，它的整个生长周期都与阳光紧密相关，其现蕾、开花和结铃的适宜温度为25～30℃。纤维发育时对温度的要求也很高，这时如果温度低于15℃，纤维素的沉积就会停止。温度太低时，棉株生长缓慢，影响器官的形成和发育，影响棉铃和纤维发育，容易造成低产、晚熟和品质下降。

棉花作为好光作物，对光照要求十分严格、敏感。光照不足会阻碍棉花的发育，使蕾、铃大量脱落。棉花的光补偿点和光饱和点都相对较高。光饱和点高达7万～8万勒，远高于一般作物的2万～5万勒，这表明棉花耐强光，当其他作物不能进行光合作用时，棉花却能正常地进行光合作用。

棉花的喜温、好光、怕冷、怕阴特性，影响着不同地区的棉花生产和收益，决定着不同气候条件下棉花的生长和成熟。

## 五、耐旱、再生能力强

棉花是一种直根系作物，根系发达，主根深，侧根分布广，由于其在土壤中形成强大的吸收网，所以棉花比较耐旱。

棉花的根、茎、叶都具有较强的再生能力。如果主根受伤或移栽断根，就会促进大量侧根的生长。棉株愈小，根的再生能力就相应的愈强。棉花每片叶的叶腋都有腋芽，这些腋芽大部分处于潜伏状态，如果遭受雹、虫等灾害而使枝叶折损，只要仍有茎节，就可以使原来潜伏的腋芽再生成新的枝条，受灾后的棉花就还能现蕾、开花和结铃，获得一年的收获。棉花的再生能力也会成为对生长不利的因素，如打顶偏早，就会促使生长无效的枝、叶和花蕾，白白消耗养料，降低棉花的产量和品质。

# 第二节 棉花产量的影响因素

一般用皮棉数量表示棉花的产量。皮棉数量又受每公顷总铃数、衣分和铃重 3 个因素的影响，而每公顷总铃数又受每公顷株数和单株铃数的影响。因此，棉花公顷产量实际上受每公顷株数、每株铃数、衣分和铃重 4 个因素的影响。

## 一、每公顷总铃数

每公顷总铃数是构成棉花产量的重要因素，也是变幅最大的因素。高产田每公顷总铃数高达120万～135万个，而低产田却只有30万～45万个，每公顷产量平均可相差4～5倍。大量的调查数据显示，目前我国棉花的平均单铃重约4克，衣分约为35%～38%。因此，每公顷棉田生产750千克皮棉需成铃60万个左右，每公顷产1125千克皮棉需成铃82.5万个左右，每公顷产1500千克皮棉需要成铃97.5万～105万个。在一般情况下，每公顷总铃数对棉花的产量起着决定性的作用。

一般来说，棉田种植密度增加，就会使个体的发育受到影响，导致单株结铃数减少。棉田密度过大时，果节数相应减少，蕾铃脱落增加，造成单株结铃数显著减少，每公顷总铃数相应也减少，棉花产量降低。反之，如果每公顷株数较少，棉苗生长的生态条件改善，个体生育就会更健壮，果节数增多，单株结铃数也会相应增多，棉铃脱落减少。但如果密度过低，每公顷总铃数就会过低，就会影响产量的提高。由此可见棉株的个体发育和棉田群体结构间存在着矛盾。为了更好地提高棉花产量，在增加单位面积总铃数的前提下，还要充分发挥单株的生产潜力，进而增加每667平方米棉花的总生产量。按照棉铃开花结铃时间的早晚来分，棉铃可分为伏前桃、伏桃和秋桃。伏前桃指7月15日前所结的棉铃（直径大于2厘米的成铃），伏桃指7月16日至8月15日所结的棉铃，秋桃则是8月16日

以后所结的有效铃，秋桃又可以进一步分为早秋桃和晚秋桃。

鉴于各棉区的气候条件、耕作制度的差异，不同棉区对三桃的划分也不尽相同。南方棉区将伏前桃的结铃界限期延至 7 月 20 日；特早熟棉区将伏桃的结铃界限期提前至 8 月 10 日；南北方关于早秋桃和晚秋桃界限的划分也不相同。

不同棉田的总铃数可能相同，但“三桃”的组成比例却差别显著，这也会对棉花产量和品质有明显影响。

伏前桃为早期铃，一般在三桃中所占比例较小，着生于下部果枝的基部果节，成熟早。伏前桃是棉株早发稳长的标志。但伏前桃铃重较轻，品质不佳，又多为僵瓣和烂铃。伏桃在三桃中所占比重最大，一般占总铃数的 40% ~60%。伏桃发育期内一般温度较高、光照较强、水分较充足，制造的有机养料较多，故结出的桃大而重，纤维品质较好、种子饱满、衣分高，产量占总产量的60% ~70%。所以，伏桃的多少是决定棉花产量高低的重要因素。秋桃大部分着生在棉株上部和果枝外围果节上，其中早秋桃因与伏桃的成长环境接近，桃大，纤维品质好。随着气温逐渐下降，棉株的长势也逐渐衰退，特别是 9 月上中旬收获的晚秋桃，不但铃轻，而且成熟晚，纤维强度低，品质极差，已经不再具备纺织价值。

我国十分重视棉花产业的优化和发展，促进棉花种植的专业化和科学化。在选用优质品种的同时，注重提高棉花品质，大量生产优质棉花。科学研究证实：温度是影响纤维品质的主要生态因素，尤其是夜间温度和最低温度。促使棉铃在最佳开花结铃期内集中多结伏桃和早秋桃，就可以提高棉花的产量。以北方棉区的河南安阳为例，从 6 月底到 8 月底，是当地的有效开花结铃期，大约 60 天。其中伏前桃常易烂铃，8 月 20 日以后铃的纤维强度又明显下降。所以当地的最佳开花结铃期为 7 月 10 日（或 15 日）至 8 月 20 日的 40 天或 35 天的时间。以同样的方法推算，长江中下游大致为 7 月 15 ~

20 日至 8 月 25 ~30 日的 40 ~45 天。

这一时期优质栽培的主要措施包括：增施有机肥，培养地力，育苗移栽，地膜覆盖，正确施用调节剂，去早蕾、除晚蕾等。

## 二、衣　分

籽棉轧花后，所得纤维（皮棉）重量占籽棉重量的百分数，称为衣分。目前陆地棉的衣分平均在 36% ~40% 之间，更高的也有 40% 以上的。在籽棉相同的情况下，衣分高的皮棉就相应地更多。衣分的高低与所在棉籽表面单位面积上的纤维根数、纤维长度、纤维粗细和种子重量有着不可分割的联系。衣分高低取决于品种的遗传性，同时也随纤维发育时的温、光、肥、水等条件的变化而不同，但总体来说变化幅度较小，相对比较稳定。但如果棉种退化，衣分就会明显降低。

棉籽上着生纤维的多少，常用百粒棉籽上全部的皮棉重量（克）表示，叫作衣指。陆地棉的衣指通常为 5 ~7 克。

因为衣分与种子重量成反比，所以对高衣分要具体问题具体分析。铃重和种子重相一致的高衣分是有利于棉花高产的。而铃重较轻、种子发育不良时所得的高衣分，则有悖于高产的要求。通常情况下，选育良种和提高品种纯度是提高衣分的重要途径。

## 三、铃　重

铃重常用单个棉铃中籽棉的重量、100个棉铃的籽棉重量（百铃重）或0.5千克籽棉的棉铃数等来表示。铃重受棉铃内种子数、种子重和每粒种子上纤维重量的影响。棉铃的铃重受品种、成铃时期的影响。如岱字15号品种正常成熟的铃重约为5.5克，但霜后迟开的铃重却只有3.4克，甚至仅2克。铃重也受棉铃发育时期的温度等环境条件影响，所以即使是同一品种，其铃重在各年份、各地区间也常有显著差异。即使着生在同一棉株上，如果着生部位不同，铃重也会相应不同。大致来说，内围铃要比外围铃重，中部铃要比顶部铃重。除此之外，土壤、肥水条件、管理精细程度等都会在一定程度上影响铃重。随着棉花生产水平的提高，每公顷生产的总铃数一定时，铃重往往成为决定产量高低的重要因素。所以要获得棉花的高产，就要在保证铃数的前提下，促进早熟，减少霜后花，主攻铃重，进而提高产量。

## 第三节 蕾铃脱落的防治措施

一般棉花单株蕾数多达几十个，生产潜力很大。但生产上，最后能收获的棉桃仅几个到十几个，大量蕾铃由于各种原因而脱落。若以每公顷 6 万株计算，每株少落一个桃，就能多结棉铃 6 万个，若以每铃重 5 克计，可增产籽棉 300 千克，相当于 100 千克皮棉。所以，提高成铃率是提高棉花产量的一个重要因素。

### 一、蕾铃脱落的原因分析

棉花蕾铃脱落的原因是复杂的，基本上可分为生理脱落、病虫危害和机械损伤三方面。

1. 生理脱落　蕾铃脱落是棉株生长发育过程中的普遍现象，是一种生物适应性，即在外界条件的影响下，通过内部生理变化，促进蕾柄或铃柄处果胶酶和纤维素酶的活性，形成离层所导致的脱落。当前认为，生理脱落主要是有机养料和激素造成的。

（1）有机养料的作用　由于蕾铃得不到足够的有机养料而脱落。生产上经常能看到在贫瘠的棉田，由于水肥不足，棉株生长瘦弱，株体矮小，叶面积小，叶色黄，营养生长过弱，制造的有机养料不能满足蕾、铃生长发育的需要而大量脱落。另一原因是有机养料分配失调，施用氮肥过多，棉株生长过旺，营养生长和生殖生长发展

不均衡，植株高大，枝叶繁茂，而供应蕾、铃的有机养料不足，形成大量脱落。据中国科学院上海植物生理研究所研究，开花当天的花朵含糖的数量急剧增加，而开花过后，由于经历花瓣伸长开放、花粉萌发和花粉管生长等强烈生命活动，子房的呼吸强度比开花前迅速增加两倍以上，消耗大量的糖，使棉花器官内含糖量迅速下降，可见花朵的开放过程本身需要消耗大量的有机养料。而花朵在授粉、受精后，幼铃增长速度很快，幼铃内部含糖率又急剧增加。因此，有机养料的形成、运输和分配，影响营养生长和生殖生长的均衡发展，尤其是有机养料（主要是糖）能否满足开花和幼铃发育的需要，对蕾铃的生长有重要的影响。

（2）激素的作用　大量研究证明，各种激素（生长素、乙烯、赤霉素、脱落酸和激动素等）的平衡和相互影响，控制着蕾铃脱落。比如不受精的幼铃为什么全部脱落？这是因为受精子房里的生长促进物质（吲哚乙酸为其成分之一）含量显著地比未受精的子房多，且随着幼铃的生长而继续增加，所以不易脱落。相反，未受精子房的生长抑制物质（脱落酸等）开花后两天时含量显著提高，从而促使幼铃脱落。某些生长调节剂对减少脱落、增加结铃有显著效果。根据山西棉花研究所试验证明，在大田用200ppm吲哚乙酸或吲哚丁酸点涂开花第二天的幼铃组，比对照组减少落铃34.2%～80.3%。有人认为，植物激素和有机养料对控制脱落都很重要，而且互有联系，激素可以调节有机养料的分配，有机养料则是保证棉铃生长和内源激素形成的物质基础。

（3）外界条件与生理脱落的关系

①光照是影响蕾铃脱落的重要因素。光照减弱，光合产物少，花蕾数减少，棉株体内含糖量下降，脱落率会增加。同时，在弱光条件下，减慢养分从叶片流向蕾铃的速度，不利于蕾铃的发育。光照不足，还使花粉发育延缓，降低花粉发芽能力。在生产上由于水

肥不当，生长过旺，封垄提早，使下部叶片严重关闭，光照强度下降，制造的有机养料减少，而呼吸作用却消耗有机养料，致使下部蕾铃脱落严重。

②氮肥能促进光合作用和有机养料合成，迅速地积累物质，促进生长发育，致使棉株长成一定的营养体，进而促进现蕾、开花、结铃。若氮肥不足，同化作用弱，合成有机养料少，致使棉株瘦小，营养体长不起来，就会出现植株外围和顶部蕾铃脱落严重及很早开花到顶的早衰现象。但氮素过多，加上水分充足，会促使棉株营养生长过旺，形成徒长，光合产物大量消耗在蛋白质合成上，营养物质较多地集中到顶芽及侧芽等营养器官中去，碳水化合物的贮存和供应蕾铃相对减少，则会出现营养生长与生殖生长不协调，导致下部蕾铃脱落。磷能促进光合作用，形成大量糖类。施用磷肥后，较多的淀粉水解为可溶性糖，使叶内淀粉含量降低，棉株内可溶性糖增加，有利于蕾铃发育。钾能加速可溶性糖向蕾铃运输，对减少蕾铃脱落也起一定作用。

③水分供应不足或过多影响棉株正常生理活动。棉株遭受干旱，光合产物减少，降低体内糖分积累，生长减弱，限制营养生长，使株型矮小，还影响花蕾的形成。当严重干旱时，叶片萎蔫，植株温度升高，呼吸作用加强，光合作用受阻，养分大量消耗，蕾铃脱落严重。在正常条件下，蕾铃吸水力高于叶片，叶片水分流向蕾铃。而当干旱时，叶片蒸腾增强，叶细胞液浓度加大，叶的吸水能力超过蕾铃的吸水能力，此时蕾铃水分和营养液反而流向叶片，致使蕾铃大量失水，引起蕾柄、铃柄形成离层而脱落。同时土壤水分不足，

影响肥效发挥，减少了无机养分吸收，也会减少有机养料的制造。土壤水分过多，施氮肥过多和温度较高时，常使肥效过猛，引起棉株徒长和蕾铃脱落。当雨水过多，田间积水时，由于土壤通气不良，氧气不足，土温下降，根系的呼吸和吸收机能均受到抑制，影响地上部分的生长和蕾铃的发育。

④温度因素。温度过高会引起棉花蕾铃脱落。据新疆有关部门报道，当平均气温超过32℃时，脱落剧烈增加。其原因是高温会妨碍光合作用，增强呼吸作用，减少有机养料对蕾铃的供给。同时高温还影响花粉的活力，容易使子房产生不孕。高温还提高了棉叶的蒸腾强度，使棉株内水分供不应求，也会引起脱落。

⑤降雨因素。降雨也可造成棉花幼铃脱落。花朵开放时下雨，花粉粒被雨水浸湿会膨胀、破裂，丧失活力，影响授粉、受精。花朵多在上午7~9点开放，若在上午下雨，当天开花的花朵脱落率可达90%以上。

2. *病虫危害* 病虫可直接或间接地引起蕾铃脱落。直接危害蕾铃的害虫主要有棉盲蝽和棉铃虫，危害时间长而严重，这成为棉花蕾铃脱落的主要原因。间接危害的有蚜虫，造成棉叶卷缩，叶面积减少，光合产物减少，棉株矮小，蕾铃脱落。

3. 机械损伤 棉花生育期内管理操作过分频繁，就容易造成机械损伤。棉行封垄后仍需加强管理，所以必须倍加小心，尽量减少机械损伤。暴风雨和冰雹也会引起蕾铃脱落。

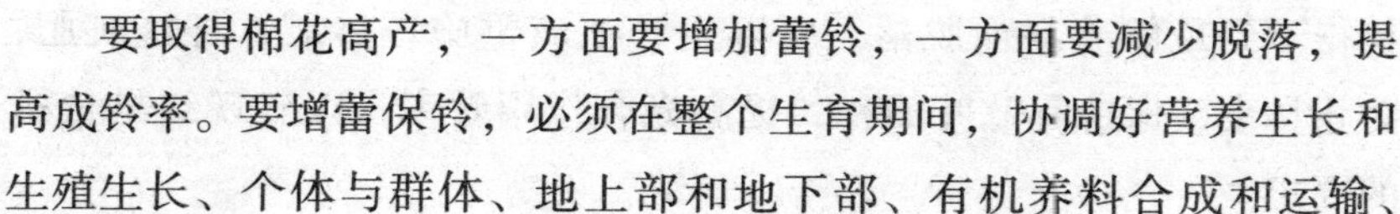

## 二、增蕾保铃措施

要取得棉花高产，一方面要增加蕾铃，一方面要减少脱落，提高成铃率。要增蕾保铃，必须在整个生育期间，协调好营养生长和生殖生长、个体与群体、地上部和地下部、有机养料合成和运输、分配以及棉株与外界环境条件的关系。

苗期管理的中心是培育壮苗，促进早发。壮苗根系发育良好，有利于对养分的吸收，并增强对不良气候的适应能力。壮苗生长稳健，有合适的营养体，有利于碳水化合物的积累，供开花结铃的需要。所以苗期要抓好壮苗早发，为增蕾保铃打下基础。

现蕾以后，果枝迅速出现，大量现蕾、开花，这时脱落的主要因素是虫害。只要控制虫害，脱落减少，就能早坐桃。但这时必须为抓伏桃做准备，要协调好营养生长和生殖生长的关系，在迅速增加生殖器官的同时，一定要防止徒长。蕾期应达到稳而不疯、壮而不旺，使有机养料有较多贮藏，供开花、结铃的需要。

棉株进入大量开花期，7 月下旬至 8 月上旬是结伏桃时期。由于边开花边结铃，会消耗大量有机养料，此时有机养料不足是造成脱落的主要因素。尤其是徒长棉田，提早封垄，株间通风透光条件恶化，使下部叶片光合作用减弱，光合产物减少，会导致中下部蕾铃因得不到必要的有机养料而严重脱落。所以采取合理水肥管理，达到稳生长、稳增蕾、防徒长，推迟到结几个大桃后再封垄，是减少脱落、确保伏桃的关键一环。

盛花期以后，下部已有一些棉铃，需要大量养分供种子和纤维的发育，主茎叶的光合产物主要运向棉铃，生殖生长占了优势，即使供应较多水肥也不致引起徒长。此时气温在下降，但日光充足，脱落减少，正是抓秋桃的有利季节。影响秋桃的主要原因是早衰。在基肥不足、追肥量少的棉田，现蕾、开花和结铃消耗大量有机养料，减少了对营养体的养料供应，生长迅速变慢，到盛花期后趋于停止。有效叶面积逐渐减少，引起秋后棉株光合能力减弱，上部幼铃得不到足够养料而脱落。所以生产上应重施花铃肥，补施桃肥，防止早衰，保持有效叶面积，提高光合作用效率，以实现结早秋桃的要求。

选用优良品种是发展棉花生产最有效的经济措施，也是科学种棉的主要内容。20 世纪 80 年代以来，我国棉花的单位面积产量比新中国成立时提高了 3 倍多，收购的原棉纤维长度平均增长 6 毫米以上。这些成果的取得，与推广优良品种密切相关。因为棉花良种在提高棉花产量中的贡献率占 25% ~40%。如湖北省历年来平均每年每公顷的产量递增 21 千克，其中推广良种的作用占 35.7%。根据湖南、安徽、山西、新疆、辽宁 5 省、自治区 1985 ~1994 年资料分析得出：良种对棉花产量的贡献率在 16% ~ 36% 之间，平均为 25.2%。

近 50 年来，我国共选育出棉花新品种 400 多个。这些自育品种的丰产性，超过了美国品种的水平，如在 1974 年的多点试验中，从美国引进的岱字棉 16 号的平均皮棉产量，在长江流域仅为我国自育品种的 95%，在黄河流域仅为 88%。由中、美双方各提供 3 个品种（我国提供的是中棉所 12 号、17 号和泗棉 3 号）在 1991 ~1992 年安排了又一轮的联合试验，结果表明：我国参试的 3 个品种的平均皮棉产量比美国品种高 17.4%，单株结铃数多 25.7%，衣分高 12.3%。

由于我国自育品种的丰产性好，很快得到应用和推广。其中年推广面积在 67 万公顷以上的先后有鲁棉 1 号，鲁棉 6 号，中棉所 10 号、12 号、17 号、19 号等；年推广面积在 34 万公顷以上的有中棉所 16 号、86-1，豫棉 1 号、4 号，冀棉 8 号、11 号，苏棉 2 号，徐州 1818，泗棉 2 号，鄂沙 28，洞庭 1 号，辽棉 9 号等。20 世纪 90 年代在生产上推广面积较大的还有泗棉 3 号、鄂棉 20 号、石远 321、鲁棉14号等。以上品种不仅丰产性好，而且纤维品质也有提高，它们的纤维强度比80年代在生产上大面积应用的鲁棉1号、冀棉8号、泗棉2号等品种提高8%左右。此外，这些新品种的育成和推广，从根本上扭转了生产上以国外品种为主的局面。如1958年，从美国引进的岱字棉15号和从苏联引进的108夫、克克1543、司3173等品种的播种面积占当时我国棉田面积的91.2%，其中岱字棉15号占全国棉田面积的61.7%。而我国自己育成的品种只占8.8%。20年后的1978年，自育品种的播种面积也还只占全国棉田的59.3%，1984年才达94%。在我国棉花生产上，从1958年基本普及陆地棉良种到80年代前期完全实现良种自育化，这是我国棉种工作的两个历史性转折。

50年来，在主要产棉区进行了6次较大规模的品种更换或更新。每次品种更换、更新，一般均能提高产量10%~15%，有的达20%以上，绒长可增加1~3毫米。近年来推广的新品种，其纤维强度也有所提高。今后要继续提高棉花单产，使原棉品质符合纺织工业发展的需要，还应积极选育和推广良种。

# 第三章
# 棉花品种的选择和繁育

# 第一节 棉花良种的特点

## 一、高产潜力大

在农业生产过程中，种子质量的高低起着决定性的作用。培育具有增产潜力的棉花品种，对于促进棉花增产具有重要的意义。近年来，棉花良种培育工作迅速发展，科研机构和地方农业机构积极致力于优质棉花品种的繁育工作。通过对新繁品种与原有棉花品种的比较，以及多年的棉花种植实践，具有较大高产潜力的棉花良种越来越受到棉农的喜爱。

近50年来，我国的棉花产区进行过5次大规模地棉花品种更新换代，新品种的应用，对于提高棉花纤维品质和我国的棉花产量，起到了积极的推动作用。

在同一地区，采用同种栽培方式生产的情况下，棉花良种一般可以增产10%～20%，有的品种甚至可以达到更多，这样，在栽培面积不变的情况下，仍然可以保证我国棉花产量的稳步提高。棉花良种的增产特性还表现在高抗病虫害方面。黄萎病对我国棉区的棉花生产影响巨大，在其高发的年份，有的棉区可能会减产一半左右。通过对高抗黄萎病棉花良种的推广应用，我国报告的棉花黄萎病害发生程度明显减轻，产量增长20%左右，有的地区甚至可以增产一

倍以上。

除此之外，棉花良种的高产潜力还表现在增加棉花复种指数方面。通过对棉花品种的培育，在条件合适的地区推广棉粮套种或麦后直播种植，增加每年的棉花收获次数，达到促进棉花增产的效果。

由此可见，适应棉花生产的具体要求，不断推广棉花良种栽培，对于促进我国棉花增收具有十分重要的作用。

## 二、纤维品质优良

生产棉花的主要目的是为纺织工业提供优质的原料。随着纺织工业的发展和出口创汇的需要，选用棉花良种时，不仅要考虑品种的丰产性，而且还须十分注意品种的纤维品质。过去在选用、推广高产良种时，对纤维品质注意不够，有些品种的纤维品质较差，不能完全适合纺织工业的需要，严重地影响了内销和出口。

所谓优质棉就是指在外观上和内在品质上都较好的原棉。外观品质主要指品级（色泽、轧工质量），杂质含量等，内在品质主要指纤维的长度、长度整齐度、强度、细度和成熟度等。

从目前纺织工业的需要来看，在自然条件较适合于种植棉花的长江流域、黄河流域和新疆的大部分棉区，应选用绒长为 27 ~ 29 毫米（指纤维伸直后两端间的长度），强力（每根纤维拉断时所需的力量，又称拉力）为 0.037 ~ 0.039 牛，细度（是指纤维的粗细程度，常以 1 克纤维的总长度米表示）为 5600 ~ 5800 米/克，断裂长度（是指细度和单纤维强力的乘积）为 22 ~ 24 千米，成熟度（指纤维细胞壁加厚的程度，细胞壁愈厚，成熟度愈好）为 1.6 ~ 1.8，能纺细支纱的品种。

自 20 世纪 80 年代中后期开始，我国采用了新的纤维品质测试仪器，如 HVI900 系列（即高容量纤维测试系统），表示纤维品质的指标也有所改变。常用的主要指标有2.5%跨距长度（毫米），相似于过去所用的主体长度；比强度（克/特克斯）［相似于过去所用的断裂长度（千米）］和麦克隆值（微克/时），为棉花纤维细度和成熟度的综合反映。此外，还有纤维长度整齐度（%），即2.5%跨距长度与50%跨距长度之比；伸长度（%），即测纤维强度时，纤维被拉断时的长度与原来长度之差除以原来长度之比。用这些指标时，目前对陆地棉品种纤维品质的一般要求是：2.5%跨距长度为27～29毫米，比强度为20～23克/特克斯，麦克隆值3.8～4.5。这种类型的原棉目前约占需要量的80%左右。在一些生育期较短，或自然条件不是很适合种植棉花的地区，也需要种植一些绒长25毫米，强力0.037牛，细度5300米/克，断裂长度21千米，成熟度1.7，能纺中、粗支纱的品种，其需要量占纺棉原料的10%左右。在植棉条件很好的地区，也可种植一些绒长31毫米以上，强力4.0克以上，细度6000米/克以上，断裂长度24千米以上，适合纺高支纱和棉涤纱的品种，其需要量约占10%。

在选用、推广棉花良种时，要根据本地种植棉花的自然条件及国家需要，合理安排具有不同绒长类型的品种，以满足纺织工业对不同纱和织物以及合理配棉的需要。在我国推广、栽培的品种中，绒长的类型较单一，主要是27～29毫米的原棉供过于求，而25毫米和31毫米以上的原棉则供应不足。

棉花的纤维品质也是一个综合性状，各个性状必须相互配套，才能适应纺织工业和市场的需要。如某一品种的纤维很长，但不具备相应的强度、细度等其他品质指标时，也不能算是优质棉。目前，我国收购棉花时，把纤维长度作为定价指标之一，而不检测强度和细度。所以，当收购的原棉的强度和细度不能与长度相适应时，纺织厂只能降低长度使用，即高价低用，因而增加了成本，造成了浪费。我国20世纪90年代以前大面积推广的一些自育品种（见表3-1）与国外品种相比（表3-2），虽然长度和细度差别不大，但纤维长度的类型较单一（均为28～30毫米），纤维强度较差。

表3-1 我国不同时期棉花主要推广品种的纤维品质

| 品种 | 主体长度（毫米） | 强力（牛） | 细度（米/克） | 断裂长度（千米） | 成熟度 | 品质指标 | 年推广最大的面积（年份，万亩） | |
|---|---|---|---|---|---|---|---|---|
| 徐州1818 | 28.44 | 0.034 | 6098 | 22.0 | 1.60 | 1886 | 1972 | 922 |
| 鲁棉1号 | 28.74 | 0.033 | 5917 | 20.2 | 1.55 | 2026 | 1982 | 3160 |
| 冀棉8号 | 27.96 | 0.037 | 5672 | 21.4 | 1.66 | 2179 | 1985 | 790 |
| 鲁棉6号 | 29.98 | 0.035 | 6464 | 23.4 | 1.52 | 2440 | 1987 | 1402 |
| 中棉12号 | 29.91 | 0.038 | 5858 | 22.9 | 1.68 | 2389 | 1991 | 2552 |

表3-2 历年来从国外引进品种的纤维品质

| 品种 | 品种数目 | 主体长度（毫米） | 强力（牛） | 细度（米/克） | 断裂长度（千米） |
|---|---|---|---|---|---|
| 爱字棉系统（美国） | 56 | 28.72 | 0.043 | 5869 | 25.47 |
| 岱字棉系统（美国） | 88 | 28.90 | 0.041 | 5934 | 24.71 |
| 珂字棉系统（美国） | 31 | 28.60 | 0.040 | 5984 | 24.41 |
| 斯字棉系统（美国） | 40 | 28.00 | 0.039 | 5434 | 21.36 |
| PD系统（美国） | 27 | 29.19 | 0.047 | 5650 | 27.28 |
| 塔什干系统（苏联） | 4 | 27.10 | 0.039 | 5873 | 23.54 |

自“七五”规划开始，国家组织棉花品质育种攻关以来，经各单位的共同努力，我国自育品种的纤维品质（尤其是纤维强度）有所提高。如1989～1996年参加黄河区试验品种的比强度由1979～1988年参试品种平均的19.08克/特克斯提高到20.59克/特克

斯，提高了7.9%。目前用于生产上的多数品种，其纤维品质达到了国外大宗用棉的中等以上水平。

## 三、抗病虫害力强

20世纪70年代以来，棉花枯萎病迅速蔓延，危害日趋严重。如1973年全国棉田的发病面积只占10%，到1982年已有90%的植棉县、30%的棉田有程度不同的枯萎病发生，不仅每年损失皮棉约10万吨，而且还降低了品种的纤维品质。防治枯萎病的有效措施是选用抗病品种。如我国先后培育出的陕棉4号、陕401、86-1、辽棉7号、晋棉7号、冀棉14号、中棉12号等，在重病区推广种植，使枯萎病基本上得到了有效控制，大大减轻了枯萎病的危害。

进入90年代以后，黄萎病危害日趋严重，1993年在我国南北棉区暴发成灾，发病面积高达267万公顷，大量棉株落叶成光秆而绝产，损失皮棉达1亿千克。1995~1996年又连续在北方棉区流行危害。1997年在长江流域暴发，造成巨大经济损失。防治黄萎病的有效措施是选用抗病品种。目前，新选育出的一些品种如中棉所33号、鲁棉14号、辽棉15号、豫棉17号等对黄萎病有一定的耐病性，可在病区推广应用。

我国南北棉区常有蚜虫、棉叶螨、棉铃虫、红铃虫等危害，严重威胁棉花生产。1992年因棉田生态状况的改变，害虫抗药性的提高，天敌控害作用的减弱和气候条件的影响等原因，河北、山东、河南、山西、陕西、辽宁、安徽、湖北等棉区棉铃虫大暴发。据统计，受害棉田达50%以上。其发生数量之大、范围之广、受害之重为历史所少有，一般减产15%~20%，严重者达30%以上。1993年南北棉区2~4代棉铃虫害又一次大规模发生，其受害面积比1992年增加了1/3，使我国棉花生产又一次受到严重影响。据统计，20世纪90年代以来，

全国用于棉铃虫防治的杀虫剂，占全国杀虫剂使用量的2/3。

为了增产保收，减少杀虫剂的应用，以降低生产成本和减少环境污染，在不同棉区应选用抗棉不同害虫的品种。在长江流域棉区可选用抗棉叶螨、红铃虫的品种；在黄河流域及新疆棉区应选用对棉蚜、棉铃虫有一定抗（耐）性的品种。

近年来，我国在抗虫育种方面取得了较大的进展。经审定通过的抗、耐蚜虫的品种有华棉101，川棉109，中棉所19、21、33等；抗、耐棉铃虫的品种有中棉所19、21、23、29、30、31、32、33，晋棉17、26等；抗、耐红铃虫的品种有华棉101，中棉所29等。

## 四、早　熟

在我国的辽宁、晋中和新疆北部等地的特早熟棉区和北方的其他早熟棉区，如河北的保定、沧州以北地区，由于生长期短，秋季气温下降快，需要选用生育期短的早熟或中早熟品种，才能保证丰产、稳产和优质。在南方棉区或北方棉区的黄淮平原，为了充分利用当地的光、热资源，提高植棉的经济效益、生态效益和社会效益，正在积极发展粮棉两熟制。

要确保两熟制棉花的丰产、稳产和原棉品质，关键在于选用既丰产、优质，又生育期短的早熟或中早熟品种。近年来，新育成的一些生育期短，产量、品质较好的短季棉品种如中棉所14、16、24、25，豫棉12、14，冀棉21，晋棉17、23等，深受各地棉农的欢迎。早熟、早收的品种，还可减轻或避免某些地区的秋旱、水涝及后期的病虫害等不利条件的影响及其危害，保证丰产、丰收和优质，减少治虫和收花次数，从而节省了劳力，降低了成本。

此外，为了扩大棉籽的利用，开辟新的蛋白质和油脂资源，提高种植棉花的社会效益和经济效益，20世纪70年代以来我国河南、山东、河北、湖南等省推广种植了低酚棉。1984 年全国仅 0.2 万公顷，1989 年近 6.67 万公顷，1994 年发展到近 13.3 万公顷，是全世界种植低酚棉面积最大的国家。新近育成的低酚棉品种有中棉所 22、冀棉 21、浙棉 10、湘棉 16、辽棉 13 等。作为低酚棉良种，首先棉籽中的棉酚含量必须低于 0.02%，其次是棉花产量和纤维品质必须与大面积推广的有酚棉品种相当。

## 第二节 棉花新品种

### 一、鄂棉 20

鄂棉 20 是湖北省荆沙市农科所从鄂荆 1 号×湘棉 10 号后代中选育出的品种。1994 ~1995 年先后通过了安徽、湖北及全国农作物品种审定委员会的审定。全生育期 132 天。植株塔型，茎秆粗壮，结铃集中。棉铃卵圆形、铃重 5.5 克，衣分 41.0% 左右，籽指 11.6 克，衣指 8.5 克。1991 ~1992 年在安徽省区试中，皮棉产量平均比对照泗棉 2 号高 8.13%。1993 年在生产试验中比对照增产皮棉 5.75%。1992 ~1993 年在湖北省区试中，皮棉单产平均比对照鄂荆 1 号高 4.74%，霜前皮棉高 6.25%。1994 年在长江流域区试中，中游各试点平均比泗棉 3 号增产 2.67%。据测定，2.5% 跨长 27.6 ~ 28.7 毫米，比强度 21.1 ~21.5 克/特克斯，麦克隆值4.4 ~5.2。该

品种抗病性较好，如苗期炭疽病病指 4.18，立枯病病指 6.36，分别比鄂荆 1 号轻 33.0% 和 12.55%；铃病病指 0.69，比对照轻 13.15%，还高抗枯萎病（病指 3.97）。

## 二、石远 321

石远 321 是由河北省石家庄市农科院与中国科学院遗传所合作，从陆地棉、海岛棉和野生二倍体种瑟伯氏棉 3 个棉种的杂交后代中选出的。1997 年经河北省品种审定委员会审定，定名为冀棉 24。该品种全生育期 139 天，前期生育快，中期生长稳，后期不早衰。结铃性强，铃重 5.16 克，衣分41.34%，籽指 10.1 克。在历年的试验中均为高产，如在 1993 ~ 1994 年的全国黄河区试验 35 个点次中，皮棉总产和霜前皮棉平均比对照中棉所 12 高 15.9% 和 19.7%，居参试品种第一位，是 1981 ~ 1997 年间黄河区试验中增产幅度最大的一个品种。1994 ~ 1995年在河北的冀中南区试中，霜前皮棉比中棉所 12 平均增产 21.3%。1995 年在黄河流域棉区及河北省的生产试验中，霜前皮棉分别比中棉所 12 增产 23.9% 和 16.1%。据黄河区试验的 35 个点样品测定，2.5%跨长 28.4 毫米，比强度 20.5 克/特克斯，麦克隆值 4.7。据河北省省级以上 7 个单位鉴定，该品种高抗枯萎病（病指 4.4），耐黄萎病（病指 26.9）。现已推广到河北、河南、苏北、皖北及新疆等广大棉区。

## 三、中棉所 19

中棉所 19 是中国农科院棉花研究所从[（7259×6651）×中 10]×（7263×6429）后代中选出的。1992 ~ 1993 年分别通过了陕西、河南和全国农作物品种审定委员会的审定。全生育期 128 ~ 130 天，株型紧凑，秆硬，叶小，适于作麦棉套种或春播棉用。结铃性强，棉铃卵

圆形，吐絮集中，铃重5.4克，衣分42.0%，籽指9.2克。在1989～1992年先后参加的河南省抗病区试、麦套棉区试，陕西、河南、山东省的区试和长江流域棉区的抗病区试中，分别比中棉所12增产霜前皮棉2.6%～24.2%，比中棉所17增产霜前皮棉4.3%～7.5%。1994年在中、美品种联试中，单产居14个参试品种之首。该品种纤维品质较好，2.5%跨长29.4毫米，比强度21.3克/特克斯，麦克隆值4.3。此外，该品种还兼抗枯萎病（病指1.13～4.26）、黄萎病（病指4.26～11.85）和棉铃虫、棉蚜。

## 四、川杂9号

川杂9号是四川棉花所以抗枯萎病、耐黄萎病的不育两用系（抗A1）为母本与父本中棉所12优系杂交育成的杂交种。1996年通过了四川省品种审定委员会的审定。全生育期130天，与川73-27相仿，但前期发育快，开花期早2天左右，属中早熟类型，可作麦套移栽。植株塔型，株型紧凑，棉铃卵圆形略偏长，铃重5.5克，衣分41.0%～43.0%，籽指9.4克，衣指7.1克。

1993年在全国杂交棉联试中，比中12增产皮棉12.6%。1993～1994年在省区试中，霜前皮棉比对照73-27增产9.8%；1995年在生产试验中，皮棉比对照增产18.3%，纤维的2.5%跨长为30.1毫米，比强度20.93克/特克斯，麦克隆值4.3。此外，该品种耐枯萎病（病指12.8～15.9）。

## 五、鲁棉14

鲁棉14是山东棉花研究中心从中棉所12号×冀合3016后代中选出。1996年通过山东省农作物品种审定委员会的审定。该品种的生育期143天，霜前花率82%左右，为中熟品种，出苗好，株型稍紧凑，果枝上仰，茎秆壮硬，开花吐絮集中，铃重5.14克，衣分39.81%，籽指10.8克。1993～1994年在省区试中，皮棉产量比对照（中12）高12.9%，霜前皮棉比对照增产12.0%。1995年在生产试验中，皮棉和霜前皮棉分别比对照增产7.4%和7.7%。据测定，2.5%跨长30.68毫米，整齐度49.83%，比强度21.78克/特克斯，伸长度6.85%，麦克隆值4.35。该品种耐枯萎病（病指4.54）、黄萎病（病指13.4）。

## 六、中棉所29

中棉所29是中国农科院棉花所从$P_1$和$RP_4$组合中选出的抗虫杂交棉。1998年已分别通过了山东、安徽省和全国农作物品种审定委员会的审定。该品种生育期130～135天。株型适中，结铃性强，铃重5.4克，衣分40%。在1995～1996年全国抗虫棉区试中，皮棉产量居参试品种的第一位。1995年在少治和不治虫的情况下，分别比泗棉3号（长江流域棉区的对照）和中棉所17（黄河流域棉区的对照）增产47.7%和79.7%，1996年在常规治虫或少治虫的情况下，分别增产15.6%和39.9%，在生产试验中，分别比泗棉3号和中棉所19增产16.3%和34.5%。说明该品种能有效地降低棉铃虫和红铃虫的危害。据观察，它对第二代棉铃虫的抗性高于第三代和第四代，一般可减少防治次数或用药量的60%～70%。它还抗、耐枯萎病、黄萎病。该品种的纤维品质也较好，2.5%跨长29.4毫米，比强度 24.2 克/特克斯，麦克隆值 4.8，适合纺织工业用棉的要求。

## 七、中棉所 30

中棉所 30 是中国农科院棉花所以中棉所 16 为母本与转 Bt 基因种质系为父本杂交育成的抗虫棉。1998 年通过了全国农作物品种审定委员会的审定。该品种生育期 115 天，植株塔型，叶片大小适中、色浓绿，棉铃卵圆形，铃重 5.3 克，衣分 39.0%。该品种抗棉铃虫和红铃虫。据调查，植株顶尖被害率比中棉所 16 轻 31.2%，蕾铃受害率减少 22.6%。在 1995 年和 1997 年全国抗虫棉区试验的整个发育期间，在少治或不治棉铃虫的情况下，比原母本中棉所 16 平均增产皮棉 39.4%。在正常防治条件下，平均比中棉所 16 增产 20.1%。在 1996～1997 年的生产试验中，在少治或不治虫的情况下，平均比对照增产皮棉 44.1%；在常规治虫情况下，平均比对照增产 16.6%。大量示范、试验结果表明，在全生育期间，可减少用药量 60%～80%。经测定，2.5% 跨长 29.2 毫米，比强度 21.5 克/特克斯，麦克隆值 4.7，符合纺织工业用棉的要求。还抗（耐）枯萎病（病指 6.7）、黄萎病（病指 17.8）。

## 八、晋棉 26

晋棉 26 是由中国农科院生物技术中心和山西棉花所合作，将 Bt 杀虫基因运用农杆菌介导法和花粉管技术导入普通品种育成的转基因抗虫棉。1997 年获得国家专利，定名为国抗 95-1，1998 年通过了山西省品种审定委员会的审定。因该品种具有杀虫作用的 Bt 基因，其植株被刚孵化的棉铃虫 1～3 龄幼虫取食后，棉铃幼虫便逐渐僵化、变黑，最后导致死亡，或虫体腐烂，即使勉强存活下来的幼虫，

也会体重减轻，并对以后的化蛹、羽化及成虫产卵等都有不良影响。在1996年省级试验中，棉铃被害率仅为2.8%，比晋棉12低29.1%。1997年在全国抗虫棉区试中，蕾、铃被害率比中棉所19大幅度降低。1996年在山西省的试验中，比非抗虫棉平均增产皮棉16.4%。1997年在大面积试种中，平均每公顷产皮棉达1200～1500千克。在生长期间，可减少防治棉铃虫的用药量60%～80%。据测定，2.59/5跨长29.3毫米，比强度19克/特克斯。该品种还耐枯萎病（病指16.9）、黄萎病（病指22.3）。

## 九、豫棉11

豫棉11是河南省农科院经济作物研究所与中国科学院遗传所合作从中棉所12×｛河南69×［（科遗2号×完紫中棉）×（长德184+陕401+岱15选系混合花粉）］×黑山棉1号｝后代中选出的一个陆地棉与中棉的种间杂种。1994年经河南省农作物品种审定委员会审定。

该品种全生育期138天，霜前花率85%～90%，适于麦棉套种。植株塔型，主茎粗壮，果枝上仰，叶厚色深，棉铃卵圆形，铃重5.5克，籽指10.3克，衣指6.9克，衣分41.0%。1991～1992年在省区试中，皮棉和霜前皮棉分别比对照中棉所12增产5.2%和8.0%，均居首位。1993年在省春棉生产试验中，产量居参试品种之首，皮棉和霜前皮棉分别比中棉所12增产6.4%和9.4%。

经省区试测定，2.5%跨距长度30.3毫米，比强度20.1克/特克斯，麦克隆值4.4，符合纺织工业用棉要求。该品种抗枯萎病（病指8.4），耐黄萎病（病指22.4），适于在枯萎病、黄萎病混生的病区种植。

## 十、新陆早7号

新陆早7号是新疆石河子市棉花所从347-2×塔什于2号的后代中选育出的新品种。1997年通过了新疆维吾尔自治区农作物品种审定委员会的审定。全生育期125天，为特早熟陆地棉。植株塔型，株型紧凑，果枝与主茎的夹角小，叶片较小，色略深，结铃性强，铃重5.5～6.0克，衣分39%～41%，籽指10～11克。1991～1996年在自治区内各类试验的52个点次中，霜前皮棉平均比对照增产26.8%；1994～1996年在西北内陆棉区的全国区试中，霜前皮棉平均比对照（新陆早1号）增产24.7%。1997年在生产试验中比对照增产皮棉22.4%。纤维的2.5%跨长28.2～30.3毫米，比强度20.0～22.5克/特克斯，麦克隆值3.8～4.5。经鉴定，抗黄萎病（病指11.1～11.9）。该品种适于北疆棉区、南疆焉耆盆地、塔里木盆地南缘阿尔金山北麓、甘肃河西走廊和宁夏黄河河套地区的无枯萎病地区种植。

## 十一、中棉所12

中棉所12是由中国农科院棉花研究所从乌干达4号×邢台6871的后代中育成。1984～1986年在河南、山东、河北、山西等省的区域试验及长江、黄河流域的全国区域试验和生产试验的98个点次中，霜前皮棉产量多数居第一位，个别的居第二位，平均比对照品种增产18.8%。其中在黄河、长江流域棉区的抗病区试中，霜前皮棉分别比对照增产17.5%和11.0%，均居首位。

经多年测定平均：主体长度30.8毫米，纤维强力0.038牛，细度5854米/克，断裂长度22.8千米，成熟系数1.68，纤维品质完全

符合纺织工业要求。经全国多年、多点鉴定，平均枯萎病病指为3.0，黄萎病病指为16.1，能兼抗枯萎病、黄萎病，是一个综合性状较好的品种。先后经河南、山东、山西、陕西、河北、浙江、湖北、新疆等省（自治区）及国家认定。1990年获国家科技发明一等奖。

该品种中熟，生育期135天。株型松散，茎秆坚韧，叶裂较深，透光性好，吐絮畅，烂铃少。铃重5克，衣分41%，籽指10克。适于长江、黄河流域及新疆棉区的枯萎病、黄萎病棉区推广。据农业部种子总站统计，在1986～1997年间，该品种已在10个省（自治区）300多个县累计推广1066.7万公顷，增产皮棉96万吨，增值71亿元，是我国自育品种中累积种植面积最大，适应性最广，使用时间最长，经济效益最大的品种。

## 十二、泗棉3号

泗棉3号是江苏泗阳棉花原种场从新洋76-75×泗阳791后代中选出的。1993年和1994年先后通过江苏省和全国农作物品种审定委员会的审定。该品种全生育期135天左右，植株塔型，果枝较长并上举，叶片中等大小、缺刻深，棉铃长卵圆形，铃重4.8克，衣分42.0%，籽指9.5克，衣指8.0克。1990～1991年在江苏省的区试中，皮棉产量居参试品种第一位，比对照泗棉2号高0.34%，是1982年以来省区试中皮棉产量首次超过泗棉2号的品种。1992年在省生产试验中，皮棉总产平均比泗棉2号高9.68%，比盐棉48高18.5%。1992～1993年在长江流域区试中，皮棉产量比对照（泗棉2号）平均高5.8%，霜前皮棉平均增产3.52%。在我国新近育成的品种中，该品种是推广速度快、推广面积大的品种，1996年已占长江流域棉田的40%。据测定：2.5%跨长30.4毫米，整齐度49.5%，比强度21.0克/特克斯，伸长度7.6%，麦克隆值4.9，抗枯萎病

（病指 5.4），抗棉铃虫。

## 十三、新陆中 5 号

新陆中 5 号是新疆农科院经济作物研究所从陕 721×108 后代中选育出的新品种。1994 年通过新疆维吾尔自治区农作物品种审定委员会的审定。生育期 140～145 天，植株筒型，株型紧凑，茎秆有弹性，叶片大小适中、叶色深，吐絮快而集中，棉铃卵圆形、铃重 5.5～6.0 克，衣分 38%～39%，籽指 11.4 克，衣指 7.0 克，短绒绿色。在 1991～1993 年的西北内陆棉区的区试中，霜前皮棉产量比对照军棉 1 号增产 12.8%。在生产试验中，比军棉 1 号增产霜前皮棉 21.7%。纤维品质较优，2.5% 跨长 29～30 毫米，比强度 23.4 克/特克斯，麦克隆值 3.8～4.6，纤维色洁白，有丝光。

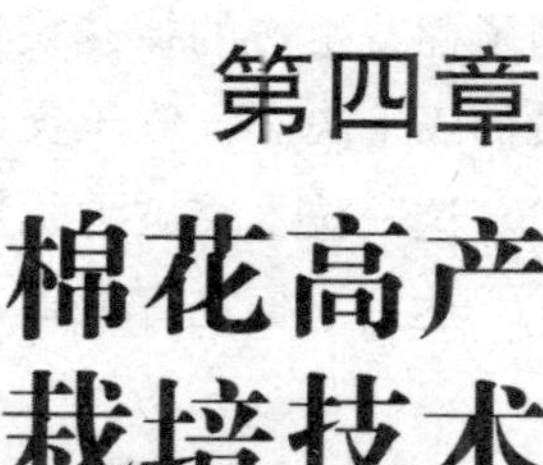

# 第四章 棉花高产栽培技术

## 第一节 机械化微钵育苗技术

在机械化微钵育苗技术推广以前，棉花种植大多采用传统的营养钵育苗方式，这种方式存在很多的弊端，例如用工多、苗床管理复杂、移栽劳动强度大等，这些问题一直困扰着我国的棉花生产，限制了棉花生产的持续发展。针对这一问题，江苏省农科院的研究人员们痛下决心，终于突破瓶颈，成功研制了棉花机械化微钵育苗技术。这一技术突破了长期以来棉花育苗依靠手工作业的传统低效模式，达到了棉花育苗省工、省力的高效发展目标。

### 一、机械化微钵育苗技术的优越性

机械化微钵育苗技术是将棉种播入高 4.5 厘米左右、直径 3.5 厘米左右的微钵进行培养的新式育苗技术。与传统的育苗技术相比，这种新式育苗方式显现出更多的优越性，主要表现在以下几个方面：

#### （一）制钵速度提高

采用机械制钵，提高了制钵速度，每小时可出钵 2500～3000 个，是手工制钵效率的 5 倍。

#### （二）节省工时

钵体小，直径 3.5 厘米左右，高 4.5 厘米左右，钵体重量相当常规营养钵的1/3，减少了营养土的用量，苗床面积小，节省了备土制钵的用工量。

### （三）育苗期缩短

棉苗移栽期提前，2 叶 1 心期即可揭膜炼苗移栽，由于育苗期缩短，每 667 平方米可节省苗床管理用工 1 个。

### （四）移栽方便

移栽操作相对更加简单，每 667 平方米可节省移栽用工 2 个以上。

### （五）棉苗质量高

微钵育苗苗龄适宜，生成的棉苗质量更高，而移栽成活率和缓苗期均不低于传统营养钵育苗的水平。

万物有利就有弊，机械化微钵育苗技术的发展也受到一些实际因素的限制，制钵机械价格较高，增加了植棉规模小的农户的初期投入，限制了机械化微钵育苗技术的推广和发展。总体来说，机械化微钵育苗方式适用于土质为黏土和壤土的地区，而不适用于土质为沙土的地区。值得注意的是，采用机械化微钵育苗方式最佳的移栽苗龄为 2 叶 1 心，超过最佳移栽期则不容易移栽成活。

## 二、机械化微钵育苗技术实施要点

### （一）不同地区的育苗期确定

与传统的育苗技术相比，机械化微钵育苗技术的育苗时间应根据实际情况适当推迟，早茬口播种期应控制在 4 月 15 日前后，中晚茬口播种期应控制在4月25日前后。

## （二）钵体育苗操作

机械化微钵育苗技术应在苗床浇足水后再播种，每钵播种1～2粒，钵上盖1～1.5厘米厚的细土，要填满营养钵间的空隙。播种后要对苗床喷施除草剂，钵上搭高50～55厘米的小拱棚，并清理苗床四周的排水沟。

## （三）钵体苗床管理

钵体播种至齐苗前要保持高温高湿的环境。出苗前要封闭棚膜，齐苗后要选择晴天时揭膜晒床降湿，减少高脚苗和病害的产生。待子叶平展时喷施适量的广谱保护性杀菌剂，减少苗期病害的产生，没有用过床草净的苗床要适量喷施壮苗素来控制苗的高度。苗期苗床温度要控制在25～30℃之间。

在气温升高后要揭开两头棚膜和通风孔降温，确保棉苗暖床过夜，促苗快长。遇阴雨天气要盖好棚膜保温。移栽前4～5天揭膜炼苗，控制水分，确保移栽时钵体完好。在苗龄20～22天、棉苗2叶1心期进行移栽。

## 第二节 优质棉各时期的田间管理

棉花苗期指从出苗至现蕾期间，北方棉区一般从4月底至6月上中旬，南方棉区从4月下旬至6月上旬。

### 一、苗期的栽培管理

苗期管理的总要求是：先抓好全苗，在此基础上培育壮苗，促苗早发。各项管理的作用，主要是克服不良自然因素的影响，改善生育环境，保证幼苗正常生长。

1. 查苗补种　播后及时检查，发现漏播，应及时补种。棉花未出苗时，发现烂芽、烂籽，应催芽补种。棉苗显行后，根据缺苗多少和苗的大小，采用不同的补救措施。如采取催芽穴播或重播。贴芽补种，催芽长1.5厘米，挖穴贴芽，每穴2~3粒，2~3天就可出苗。棉苗到了子叶期，采用芽苗移栽。技术要领是：天要好，穴要小，水要少，苗要小。可用带土移栽，起苗时尽量不动土，少伤根。以后再缺苗，可采用灵活定苗，有全苗留壮苗，没有全苗留双苗，离得远的留三苗。无法补缺则可留叶枝，肥地留2~3条，一般地留1~2条。

2. 间苗定苗　棉花播种量大，出苗后相互拥挤，如不及时间苗、定苗，会形成线苗或弱苗。间、定苗时间和次数取决于对病虫害的控制能力。间苗可分两次进行。第一次在齐苗后，留壮苗，拔弱苗、病苗，做到叶不搭叶。第二次在1~2片真叶时进行。定苗在三叶期，此时茎秆基部已木质化，抵抗不良环境能力增强，不易再死苗。病虫害轻的地块，可以一次间苗，一次定苗。

3. 中耕　棉花苗期中耕是促进根系深扎，地上部健壮生长，实现壮苗早发的关键措施。

北方棉区，通过中耕，可提高地温，减少水分蒸发，促使根系生长，控制病虫危害，培育壮苗，提早生育。苗期一般进行3次中耕。第一次在子叶期，结合间苗。早中耕可提高根周围地温，促进支根早出，增加吸收能力，使真叶早出，增强幼苗抗逆性。还可破除土壤板结，起保墒作用。这次中耕深度4~5厘米。第二次中耕结合定苗，深可达6~7厘米，不要壅土。第三次中耕在现蕾前，深可达7~8厘米。此时已进入6月，气温上升，根系已较强大，地上部分生长加快，深中耕可散表墒，促根下扎，并控制节间，在较肥的棉田更显重要。

南方棉区，苗期一般多雨，表土易板结，通气性差，地温低，肥料分解慢，杂草易滋生，故应在清沟排渍的同时，进行松土，铲除杂草。棉苗显行就浅锄“梦花”，出真叶后适当加深中耕松土深度，破除板结，降低表土湿度，减少苗病。套作棉田，待前作收获后，应抓紧中耕灭茬松土。

4. 施肥　苗期生长较慢，植株营养体较小，吸收、消耗均较少。追肥应根据苗情，早施、轻施或不施。基肥充足，又有种肥，可不追苗肥。一般大田，地力较差，基肥又少，适当追肥，为蕾期打下一定营养体的基础，搭起丰产架子。苗肥结合定苗、中耕进行，每公顷施硫铵75千克左右。苗肥过多，造成流失浪费，且易形成旺苗。对瘦弱的二、三类苗，可偏施追肥，促使小苗赶大苗。

南方套作棉花，由于前作收后，环境条件改变，棉苗有一段停滞生长时期，强调施好提苗肥1~2次。一次在齐苗后施，肥地不可

施。另一次在前作收获前后施，这是促进壮苗早发的关键措施。

5. *灌水和排涝* 北方棉区的一熟棉田，播前浇足了底墒水的，苗期不浇水，做好中耕保墒工作，头水争取推迟到现蕾后。实在需要浇水的，则应小水轻浇，隔沟浇，浇水后要中耕保墒，改善通气状况，提高地温。苗期土壤田间持水量以55%～70%为宜。麦田套作棉花，苗期正是小麦灌浆成熟时期，耗水量大，遇旱应浇水，避免棉苗生长受抑。

南方棉区由于雨水多，苗期强调清沟排渍，以降低土壤湿度，提高地温，减少病害，促根生长，提早发育。

## 二、蕾期的栽培管理

棉花蕾期系指从现蕾至开花这一段时间，一熟棉田从6月上中旬至7月上旬。

1. *施肥* 蕾期施肥，既要满足棉株发棵、搭起丰产架子的需要，又要防止施肥过多、过猛，造成棉株旺长。因此，蕾肥要稳施巧施，因苗施用。

北方棉区，对基肥不足，未施种肥、棉株缺肥的棉田，如果化肥数量不多，只追一次肥的，以蕾期追用效果最好。中上等地力，尤其是高产田，强调蕾肥应将化肥与饼肥混施，每公顷施硫铵75～105千克，饼肥225～375千克，过磷酸钙150～225千克，结合中耕开沟深施至地表10厘米以下，做到无机肥与有机肥混施，速效肥与缓效肥混施，氮肥与磷肥混施，既快又稳，既满足蕾期需要，又做到“蕾施花用”。

南方棉区，则有施“当家肥”的经验，为“蕾施花用”，以有机肥料为主，再根据苗情和地力配合适量化肥。

2. *浇水* 北方棉区，蕾期一般雨量偏少，土壤蒸发和叶面蒸腾都较多，适时、适量浇水，对提高产量有重要作用。一般棉田，为缓和“三夏”农活集中和夏种用水紧张，常把蕾期浇水提前到麦收前，一般均有增产作用。但对高产棉田，容易徒长，应适当推迟浇头水，有利棉株稳长，根系深扎，增强抗旱能力。头水要控制水量，用小水隔沟浇，切忌大水漫灌。

南方棉区的蕾期，一般正值梅雨季节，继续加强清沟排水，消除明涝、暗渍。

3. 中耕　蕾期中耕可起到抗旱保墒、消灭杂草、促根下扎、生长稳健的作用。对有疯长趋势的棉田进行深中耕，有控制营养生长的作用。现蕾后到封垄前，一般应中耕 3 ~ 4 次，做到雨后锄、浇后锄、有草锄。旺长棉田应深锄，深可达 10 ~ 14 厘米。封垄前，中耕结合培土，分次进行，雨季到来前结束。培土高度以 17 厘米左右为宜。培土的好处是，小旱能保墒，大旱利沟灌，天涝好排水，还能提高地温，促进根系发育，抑制杂草生长等。

4. 整枝

（1）去叶枝　当棉株现蕾以后，能清楚地区分出果枝和叶枝时，应及时将第一果枝以下的叶枝打掉，这样可促进果枝生长。一般在去叶枝时，保留 2 ~ 3 个主茎叶片，这些叶片制造的养分，可供棉株生育的需要。对有旺长趋势的棉株，可把主茎叶片一齐打掉，称之为“捋裤腿”，以抑制旺长。去叶枝要适时，不宜过早区分叶枝和果枝。过晚，消耗养分多，且枝条木质化，容易损伤主茎，费工也多。去叶枝要灵活掌握，不可强求一律，在地头、缺株断垄处，可保留 1 ~ 2个叶枝，利用空间多结桃。当叶枝长出 1 ~ 2 个果枝时，应将其顶端打掉，促使叶枝上的果枝更好地发育。近年来提出的保留叶枝、利用叶枝的措施，在本章“简化整枝”部分将作介绍。

（2）抹赘芽　主茎和果枝的叶腋里，常会长出一些芽。这些芽生长时，消耗养分，又影响通风透光，通常称为赘芽。生产上，对

于赘芽要随出随抹，力求及时和彻底。

（3）去早蕾　这是近年来发展的整枝技术，已在河南、山东、江苏、湖北等省推广应用，有一定的增加产量、改善品质的作用。

去除早期的花蕾后，利用棉株本身所具有的结铃调节能力和补偿能力，可产生下列效应：一是减少伏前桃，可相应减少烂铃和僵瓣，并解决和减缓早衰；二是增加伏桃和早秋桃，使大量开花期与最佳结铃期相遇；三是增加内围和中部果枝、果节结铃比例，增收霜前花；四是促进根系发育，延长叶片功能期，使棉株健壮生长。

去早蕾的方法很多，一般在棉株达6~7个果枝时进行，以去掉基部2~3个果枝的全部花蕾的效果最佳，可增加单株结铃数，增加伏桃和早秋桃，减少烂桃和霜后花。

此措施宜在中等以上肥力的棉田进行，并增施花铃肥。盛蕾期和初花期要防止旺长。去除早蕾结合去除晚蕾、无效花蕾进行，其提高产量和改善品质的效果会更佳。

## 三、花铃期的栽培管理

花铃期指从开花至吐絮这一段时间，一般从7月上旬至8月底、9月初。

花铃期是棉株生育最旺盛的时期，也是决定产量、品质的关键时期，管理不当或不及时，均会影响产量。管理原则是，初花期到盛花期适当控制营养生长，盛花期后要促进生殖生长。

1. *施肥* 花铃期棉桃大量形成，是棉花一生中需要养分最多的时期。故重施花铃肥是保伏桃、争秋桃、桃多、桃大、不早衰的关键措施。追肥量一般应占总追肥量的50%或更多一些。施肥水平高的地区，分初花期和盛花期两次施用，初花期施用速效与迟效混合肥料，盛花期施用速效化肥。施肥水平较低的地区，可一次施入。施肥时间应根据当地气候条件和棉株长相而定，干旱年份、瘦地和稳长棉株在初花期集中施入，多雨年份、肥地及旺长棉株要有2～3个桃后再施。

为了防止棉株早衰，多结铃，盛花期以后还要根据土壤肥力和棉株长相适当补施盖顶肥（即桃肥）。在底肥足，土壤肥、花肥重，棉株旺长的棉田，一般不要补施桃肥，在土壤瘠薄、施肥不足、棉株显衰的棉田，补施桃肥可防早衰，争取多结秋桃。补施桃肥时间，北方棉区一般在7月底至8月初，最迟不过立秋。南方棉区，在立秋前后，最迟不晚于8月中旬。桃肥的数量，每公顷不宜超过75千克硫铵。

2. *灌溉与排水* 花铃期叶面积达最大，且适逢高温季节，叶面蒸腾强烈，棉株对水的反应敏感，如水分失调，代谢过程受阻，大量蕾铃将脱落，并引起早衰。但根据北方棉区的气候特点，盛花期已进入雨季，土壤一般不缺水，棉株不致受旱。始花期雨季尚未到

来，往往出现干旱威胁，应及时浇水。浇水要根据情况灵活掌握。棉田肥力差，棉株长相弱的要适当早浇；棉田肥力足，长势旺的应适当迟浇。同时要注意天气预报，避免浇后遇雨，致使土壤水分过多，引起棉株疯长。花铃期浇水一般采用沟灌。雨季则应注意排水，以免雨后田间积水，影响根系活动，导致蕾铃脱落。

南方棉区，花铃期正是伏旱季节，必须及时浇水，以水调肥，促进肥料分解和根系吸收。此时，光照充足，适时浇水，有利于多结棉桃。每次浇水后，要适时中耕保墒。

3. 中耕、培土　由于浇水或下雨以及整枝、治虫等田间作业，致使棉田土壤紧实板结，通透性差，导致根系早衰。因而在花铃期尚未封行时，应进行中耕、培土。花铃期棉根再生能力逐渐下降，中耕不宜过深。否则，会切断大量细根，削弱根系吸收能力。培土可结合中耕进行。在蕾期培土的基础上，根据情况进一步培土，这对于灌溉、排涝、防倒都是有利的。

4. 整枝

（1）打顶　打顶是棉田整枝技术中最重要的措施。适时打顶可打破顶端生长优势，改变体内养分运转和分配，使养分运向结实器官，使之多结蕾铃，增加铃重。打顶还可有效地控制主茎生长高度，改善通风透光条件，有利增产和早熟。打顶时间依条件而异，肥力低、密度大、长势弱、无霜期短的地区，应适当提早打顶；反之，则应适当推迟打顶。在棉株生长正常情况下，从现蕾到吐絮共需80~90天，后期因气温逐渐降低，所需天数逐渐延长，在当地早霜到来前80~90天出现的花蕾才可能发育成有效铃。北方棉区一般在7月中下旬为打顶适期，南方在7月下旬为适期。打顶方法，应采取轻打，防止大把揪。

（2）打旁心　打掉各个果枝的生长点，目的在于改变果枝的顶端生长优势，控制棉株横向生长，改善通风透光条件，增加坐桃，促进早熟。打旁心在土壤肥沃、生长旺盛、果枝间相互交错严重，田间郁闭的情况下，效果显著。一般瘠薄、干旱棉田，打旁心效果不明显。打旁心时，每个果枝留果节多少，根据具体情况而定，一般留 2～3 个果节。有的留成“宝塔形”，即棉株下半部果枝保留果节多一些，上半部果枝的果节少留些。有的留成“花鼓形”，即棉株中部果枝保留果节多一些，下部和上部果枝的果节少留些。估计收不到产量的后期花蕾，应尽早去掉，以免消耗养分。

(3) 抹除赘芽和疯杈　对主茎和果枝叶腋处长出的赘芽、疯杈应及时抹掉。

(4) 打老叶　郁闭比较严重的棉田，通风透光不良，导致中下部烂铃和脱落。打老叶可改善通风透光条件。打老叶时，若下部果枝已有大桃，即可由下向上分期打掉主茎老叶，切忌打掉果枝叶，因果枝叶制造养料，大部分供应棉铃。在一般通风透光较好的棉田，不必打老叶。

## 四、吐絮期的田间管理

吐絮期指开始吐絮至生育结束的一段较长时间。一般在 8 月下旬至 9 月初开始吐絮，持续 70～80 天。

吐絮期的管理，主要是促进早熟和防止早衰。

1. 补水补肥　在秋旱年份，高产棉田土壤水分不足，会影响铃重，应及时浇水。浇水方法以小水沟灌为宜。如显出脱肥，可喷1%的尿素溶液和0.5%的过磷酸钙溶液。南方棉区要注意排水。

2. 整枝、推株并垄　棉田进入吐絮期，仍需继续做好打老叶、剪空枝、打旁心等整枝工作。特别对于后期生长较旺、贪青晚熟的棉田，更应抓紧进行，以改善通风透光条件，促使有机养料集中供给已结的棉铃，使之提早成熟吐絮，且可减少烂铃。生长旺盛、贪青晚熟、郁闭较重的棉田，或秋雨较多、湿度较大的棉田，可进行推株并垄，即将相邻两行视为一组，每组的两行棉株堆并在一起呈八字形。隔5～7天后，再以同样的方法，将相邻两组的相邻两行成八字形并在一起。这样，每行棉花的两侧和行间地面，均可先后受到较充足的阳光照射，起到通风透光、增温降湿的作用，减少烂铃，促进棉铃成熟吐絮。

## 五、收　花

种好、管好、收好是棉花生产的三大环节。要丰产丰收，必须在种好管好的基础上，及时收花，保证质量。

目前，我国大部分棉区还是人工收花，收花的间隔时间以7～10天为宜。间隔时间过长，在日光照射下，会使纤维氧化变脆，强力受到影响，降低品质。收花要做到“五分”、“四净”、“两不收”。“五分”即不同品种分收，留种与一般分收，霜前花与霜后花分收，好花与僵瓣分收，正常成熟花与剥出的青桃花分收。“四净”即将棉棵上的花收净，铃壳内的瓤摘净，落在地上的拾净，棉絮上的叶屑杂物去净。“两不收”即没有完全成熟的花不要急着收，棉絮上有露水的暂时不要收。每次收花能严格做到上述要求，则既可保证丰产丰收，又可提高棉花等级。

# 第五章

# 棉花病害及其防治

# 第一节　棉花苗期病害及防治

棉花苗期病害是由多种病菌侵染、危害种子萌发和幼苗生长的病害。特别是低温多雨年份，棉花苗期病害危害严重，可以造成烂种、毁苗以及田间成片死亡，甚至毁种重播。发病轻时可延缓棉花的生长，形成弱苗，影响产量和品质。由于棉花苗期病害的危害可造成棉花巨大的经济损失，因此能否控制苗期病害，保证全苗壮苗，已成为棉花优质高产的首要任务。

## 一、棉花苗期病害种类

### （一）立枯病

在棉花播种后到种子萌动未出土之前，侵染种子引起烂种或烂芽，病种子多呈褐色软腐状，挤压时流出黄褐色黏液。棉苗出土后受害，侵染幼茎，茎基部初现纵褐条纹，条件适宜时迅速扩展绕茎一周，缢缩变细，出现茎基腐或根腐，最终枯死或者萎倒。死苗易从土中拔出，其基部或根系上可见稀疏的丝状物。也有棉苗受害后，在子叶上出现黄褐斑，最后病斑破裂、脱落，形成穿孔。多雨年份，现蕾开花期的棉株也可受害，茎基部出现黑褐色病斑，表皮腐烂，露出木质纤维，严重的可折断死亡。感病部位，有时出现瘤状病变。

## (二)炭疽病

从棉籽发芽到棉铃成熟均可受害，但主要危害棉苗和棉铃，常造成严重损失，成株的茎、叶受害轻微。棉籽在刚发芽未出土前被害，使幼芽及幼根变褐腐烂，但病轻的尚能出土。棉苗被害多在近土面的茎基部产生红褐色小病斑，扩大后呈褐色略凹陷的纵条斑，病斑边缘仍呈红褐色，有时病斑中部产生纵向裂痕。病重时，病斑扩展并包围整个茎基，呈黑褐色半湿腐状，苗枯萎。子叶被害，多在叶缘产生半圆形黄褐色或褐色病斑，外缘呈红褐色。子叶中部病斑近圆形或不规则形，易干枯破碎，子叶常枯死早落。幼苗顶端被害时呈黑褐色枯死。真叶上的病斑和子叶上相似，但外缘多呈深褐色，一般发生在叶片中部。叶柄及茎秆上的症状均呈红褐色至黑褐色的纵条斑，病部容易折断，在天气潮湿情况下，各部位的病斑表面都会产生橘红色的胶质物（分生孢子团）。

## (三)红腐病

苗期、铃期均可染病。在苗期幼芽出土前受害，芽变为红褐色腐烂。出土后受害棉苗根部的根尖、侧根变黄，后变黑褐色腐烂。幼茎染病导管变为暗褐色，近地面的幼茎基部出现黄色条斑，后变褐腐烂，幼根、幼茎肿胀，子叶、真叶边缘产生灰红色不规则斑，湿度大时上面产生粉红色霉层，即病原菌的分生孢子。生产上早播的棉田或遇低温多雨天气，根部腐烂严重，常造成死苗。成株茎基部染病产生环状或局部褐色伤痕，皮层腐蚀，木质部呈黄褐色。

## (四)疫病

棉苗疫病危害棉苗子叶、真叶、幼根、幼茎。幼根和茎感病后，初呈红黄色条斑，病斑发展围绕茎基和根部，幼苗干萎枯死，症状与红腐病初相似，但中后期病部颜色较淡。真叶受害时，初为暗绿色水渍状小斑，后逐渐扩大成墨绿色不规则形水浸状病斑，遇低温高湿时病斑扩展到心叶，生长点变黑，棉苗枯死。天气晴朗，温度升高，叶部病斑周围呈暗绿色，中央灰褐色，最后形成不规则形枯斑，子叶脱落。

### （五）猝倒病

猝倒病菌侵染种子、幼芽和幼根，危害幼苗。受害的幼苗出土后，最初在幼茎基部接近地面部分出现水浸症状，严重时呈水肿状，并扩展变黄腐烂，呈水烫状软化，迅速腐烂倒伏。地下细根部分受害呈黄褐色，吸水不良，并促使整株幼苗死亡。子叶随着褪色，呈水浸状软化。在高温情况下有时病苗上出现白色絮状物，即病菌的菌丝。

### （六）茎枯病

棉苗的子叶、真叶、叶柄和茎部都可受害。子叶和真叶发病，最初产生黄色小圆斑，外缘呈紫红色扩展后病斑呈近圆形和不规则形，褐色而具有同心轮纹，表面产生许多黑色小粒点（分生孢子器）。叶柄和茎部病斑呈褐色，梭形或长圆形，凹陷，病部易折断。棉铃染病，病斑与茎上症状相似。中间颜色较深，黑色。湿度大时病斑扩散迅速，致棉铃成为僵瓣，铃开裂不全或不开裂。

### （七）黑斑病

苗期病斑常与冻伤及损伤斑并生。因为病菌是由棉苗冻伤、损伤或其他病菌造成的伤口入侵的。田间所见的病苗大都是生命力弱，子叶脱壳时受到损伤的棉苗。病苗的子叶粘在一起在央壳损伤处有黑褐色霉层。子叶或真叶伸展后受害，开始为紫红色或褐色背面凹陷的小斑点，多出现在棉苗受伤之后，以后扩大有或无明显同心轮纹，天气潮湿时，病斑上生有明显的黑色霉层。

### （八）角斑病

该病不仅危害棉苗，同时也危害成株的茎叶及发育中的棉铃。苗期染病，子叶受害呈水渍状不规则形或圆形病斑，黑褐色，严重的子叶枯死脱落。真叶染病，叶背先产生深绿色小点，后扩展成油渍状，叶片正面病斑多角形，有时病斑沿叶脉扩展呈不规则条状，致使叶片枯黄脱落。茎染病，出现水渍状病斑，后扩大变黑或腐烂，病部凹陷，病株弯向一边。顶芽染病，形成“烂顶”，造成全株死亡。湿度大时，病部分泌出黏稠状黄色菌脓，干燥条件下变成薄膜或碎裂成粉末状。棉铃染病，初生油浸状深绿色小斑点，后扩展为近圆形或多个病斑融合成不规则形，褐色至红褐色，病部凹陷，幼铃脱落，成铃部分心室腐烂。

## 二、苗期病害的成因分析

### （一）立枯病

病菌主要以菌丝体和菌核在土壤中或病残体上越冬为主，较少以菌丝体潜伏在种子内越冬，但收花前遇低温多雨年份棉铃染病时，病菌侵入铃内，造成种子带菌。初侵染源主要为带菌的土壤。在干燥条件下，病菌可保持活力2～6年，在高温潮湿条件下只能存活4～6个月。病菌遇适宜条件和寄主，菌丝在寄主表皮细胞形成侵染，也可从伤口及自然孔侵入菌丝扩展导致组织坏死变褐，病死植株的皮层组织充满菌丝和菌核，成为重要的再侵染源。病菌借灌溉水、地下害虫及农事操作传播。阴雨多湿天气有利于立枯病发生。此外，地势低洼或土质黏重的棉田易发病，播种过早、地温低、幼苗生长缓慢及排水不良时发病重。

## （二）炭疽病

炭疽病初侵染源主要为带菌的种子，一般棉籽带菌率30%～80%。种子萌发时病菌开始危害，可通过风、雨、昆虫、灌溉水传播病菌，再侵染无病的棉苗。病菌还可随病残体落入田间使土壤带菌。在铃期通过风雨飞溅侵染棉铃，即为棉铃炭疽病，使棉籽带菌，成为翌年的侵染源。土壤水分过多，空气相对湿度在85%以上，危害就会加剧，空气相对湿度低于70%时则不利于发病。连阴雨的情况下往往会导致温度下降，不利于棉苗生长，易于导致该病害流行。

### （三）红腐病

病菌随病残体或在土壤中腐生越冬，病菌产生的分生孢子和菌丝体成为翌年的初侵染源。苗期初侵染源还可以是附着在种子短绒上的分生孢子和潜伏于种子内部的菌丝体，播种后即侵入危害幼芽或幼苗。该菌在棉花生长季节营腐生生活。铃期分生孢子或菌丝体借风、雨、昆虫等媒介传播到棉铃上，从伤口侵入造成烂铃，病铃的内、外部均带菌，即形成种子带菌。红腐病菌在3～37℃温度范围内生长活动，最适20～24℃。高温对侵染有利。潜育期3～10天，其长短因环境条件而异。日照少、雨量大、雨日多可造成大流行。苗期低温、高湿发病较重。铃期多雨低温、湿度大也易发病。棉株贪青徒长或棉铃受病虫危害、机械伤口多，病菌容易侵入，发病重。棉铃开裂期气候干燥，发病轻。

### （四）疫病

棉苗疫病的初侵染源主要为带菌的种子、土壤和病株残体。疫病菌的传播主要是环境适宜时产生游动孢子，随雨水、水流蔓延，因此多雨年份疫病发生严重。气温上升后，疫病菌在土中越夏，到铃期又释放游动孢子，随雨水飞溅到棉铃上侵染棉铃，所以棉籽中也有疫病菌。在15～30℃，空气相对湿度30%～100%时都能发病，但多雨高湿是发病的关键因素。

### （五）猝倒病

猝倒病的初侵染源主要为带菌的土壤，主要在幼苗阶段危害。病菌的卵孢子借流水传播，侵染危害。多从根部侵入，气孔和伤口也是侵入口。棉株长大抗性增强，病菌停止侵染。除以其卵孢子进入休眠外，也可在土中腐生或侵入其他寄主，到下一季棉苗出现时再继续危害。湿度大，土壤含水量高，有利于猝倒病的侵染传播。

### （六）茎枯病

茎枯病的初侵染源，在病区以带菌的土壤为主。病菌以菌丝体和孢子器在病残体上越冬，能在土壤中存活 2 年以上。在新棉区，带菌的棉籽是病害传播的重要途径。种子带菌以菌丝体潜藏在棉籽短绒上为主，也潜伏在种子内部。当棉籽发芽和幼苗出土时，潜藏在种子内、外的病菌和土壤中病菌均能侵染棉苗和幼茎。在气候适宜时，病菌产生大量的分生孢子，成为田间再侵染源，借助风、雨和蚜虫传播，造成再侵染。如此周而复始，构成了茎枯病的大范围流行。

### （七）黑斑病

黑斑病的初侵染源主要为上年遗留的带菌成株病残体。当子叶展平及真叶开始出现时，如遇寒流侵袭，导致田间病害流行。阴湿多雨、低温成为病害流行的主导因素。

### （八）角斑病

病原细菌主要在种子及土壤中的病铃等病残体上越冬，翌年春棉花播种后借雨水飞溅及昆虫携带进行传播和扩散。该菌在棉铃上借雨水在寄主体表的水膜从表皮气孔或裂缝及虫伤等处侵入，在细胞间隙繁殖，破坏叶内的组织，经8～10天产生症状。病菌常通过病组织侵入到维管束，后到达种子，造成种子带菌，铃壳上的病菌随病残体落入土中，成为翌年初侵染源。该病以种子传播为主，种子带菌率6%～24%，在种子内部存活1～2年。长江流域棉区6～9月份发生，7～8月份进入盛发期，此间空气相对湿度高于85%，降雨次数多，降雨量大易发病，遇有台风暴雨袭击，发病重。海岛棉易感此病。

## 三、棉花苗期病害防治

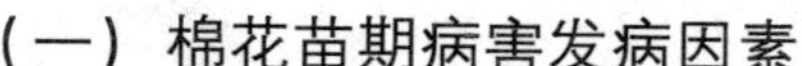

### （一）棉花苗期病害发病因素

1. 气候条件　气候条件是影响棉苗病害发生的主导因素。各种病菌的生长繁殖及侵染均需要较高湿度，因此阴雨天最适棉苗病害发生。棉花是喜温作物，播种后遇到低温多雨会影响棉籽萌发和出苗速度，易遭受病菌侵染而造成烂种、烂芽，出苗后棉花生长发育不良，降低抗病力，发病重。特别是低温伴随有寒流和阴雨，有利于叶部病害大发生，而造成成片死苗。

2. 棉种质量　棉种纯度不高，籽粒不饱满，生活力弱，播种后出苗缓慢，棉苗生长衰弱，易遭受病菌侵染，因而发病重。

3. 耕作栽培方式　连作多年的棉田，土壤中积累大量病菌，翌年初侵染源多，发病较重。连作年限越长，发病越重。棉田地势低洼，排水不良，土壤中水分过大，通气性差、地温偏低、土质黏重、土壤板结，致使棉苗出土困难，易导致烂种、烂芽，出苗后生长发育不良，而易遭受病原菌侵染，发病较重。播种过早、过深或覆土过厚，棉种萌芽慢，出苗延迟，常造成烂种、烂芽。畦边行间种植油菜或蚕豆使棉苗遮蔽面过大，光照弱，湿度大，发病较重。氮肥施用过多或缺乏钾肥，会使棉苗生长柔嫩而易感病。不及时松土、除草、追肥、间苗、治虫等，均会造成棉苗生育不良，促使发病加重。

## （二）棉花苗期病害防治措施

棉花苗期病害的病原物有所不同，但发病规律有许多相似之处，如病害发生的关键时期、初侵染源、流行条件以及病原物的寄生性等。因此，棉花苗期病害的防治应以农业措施、种子处理和化学防治为基础，通过促苗壮苗，达到几种苗期病害整体综合防治的目的。

1. *农业措施* 从棉苗病害发生的规律来看，病害发生的原因之一是低温高湿的气候降低了棉苗的抵抗力，所以通过采取农业措施，来促使棉苗早发、壮苗或避开不利的气候条件，对减轻苗期病害具有良好的效果。

（1）*减少病原* 清洁田间病残枝叶，减少病原，减轻苗病的发生。

（2）*合理播种* 一般播种早、地温低、出苗慢、病菌侵染时间长、棉苗抵抗力弱，容易感染苗期病害。在我国北方棉区，选择适当的播种期是防治苗病的关键，根据各地气温变化情况，应使最易感病时期避开晚霜。同时掌握好播种深度，一般播种深度应控制在2厘米左右。播深不易出苗，播浅易造成棉苗“戴帽”出土。

（3）*田间管理* 加强排水和冬灌保墒，避免因播前浇水而降低土温。注意增施有机肥料。早中耕，雨后中耕松土提高地温，促进

幼苗生长。在降温前增施草木灰等，可减湿防寒。及时间苗，剔除病苗。清洁棉田，扫除残枝败叶，集中处理。

2. 种子处理　种子处理也是促苗壮苗的措施之一，主要包括选种、晒种和种子消毒。

（1）选种、晒种　播种前选种，剔除烂籽、虫籽、秕籽、小籽、杂籽等，提高种子质量，出苗率高，苗壮病轻。在播种前半个月左右充分暴晒棉籽 30～60 小时，以促进种子后熟，提高发芽率、发芽势及杀死短绒上的病菌。

（2）硫酸脱绒　硫酸脱绒可杀灭种子表面上的病菌。方法是将比重 1.8 左右的浓硫酸加入到搪瓷盆中（每千克棉籽加浓硫酸 70～100 毫升）在火炉上加热至 110～120℃。将棉籽放在缸盆里，边加硫酸边搅拌，待棉籽乌黑发亮发黏时，立即用清水反复冲洗，一直洗到水色不显黄，水味不显酸为止，再将棉籽晾晒干。

（3）温汤浸种　温汤浸种兼有催芽和杀菌的作用，温汤浸种可杀灭种子内、外部病菌，还可促使提早出苗。温汤浸种的方法是：将棉种放在 55～60℃温水中恒温浸泡 30 分钟。也可采用“三开一凉”法，即 3 份开水加 1 份冷水。水温约 75℃，投下棉籽搅拌后即

60～65℃。每50升温水可浸种30千克。温汤浸种在种子浸水后应充分搅拌，以后每隔10分钟左右搅拌1次，使棉籽受热一致，当水温低于规定范围时，加入热水升温，浸种后捞出，摊开晾至绒毛发白时，即可播种，如不能及时播种，可加冷水继续浸泡。

（4）药剂拌种　苗期病害一般都是几种病害混合发生，所以使用两种以上药剂混合使用，效果较好。也可与杀虫剂混用，兼治苗期害虫。对立枯病、炭疽病、红腐病等均有良好防治效果。常用拌种药剂有20%甲基立枯磷乳油、15%粉锈宁（三唑酮）可湿性粉剂、50%多菌灵可湿性粉剂、20%稻脚青可湿性粉剂、25%敌唑酮、40%卫福200F种衣剂。对棉苗疫病防治有效的药剂有40%乙磷铝可湿性粉剂、25%瑞毒霉（甲霜灵）可湿性粉剂和70%代森锰锌可湿性粉剂等。棉花拌种药的用量一般为100千克棉籽拌药剂300～500克。

3. 喷药防治　对于危害叶部的病害，如黑斑病和疫病，应在关键期及时喷药。根据天气预报，如有寒流侵袭，在降温前喷药防治。常用药剂有70%代森锰锌可湿性粉剂600～800倍液，或70%百菌清可湿性粉剂600倍液，或70%甲基托布津可湿性粉剂600～800倍液，或50%福美双可湿性粉剂600～800倍液等。

## 第二节 棉花生长期病害及防治

棉花生长期的病害有枯萎病、黄萎病、褐斑病、叶斑病等，特别是棉花枯萎病、黄萎病是棉花生产中的重要病害，已被列为检疫性对象。两种病害随美国棉花种子传入我国，在20世纪30年代开始零星发生。目前，这两种病害在我国各棉区均有发生，并有逐渐扩大的趋势。但这两种病害仍属于局部发生病害，而且多混合发生，所以应防止这两种病害向其他棉区扩散。

棉花枯萎病、黄萎病造成的损失巨大。枯萎病常常使棉苗枯死、植株畸形，叶片功能下降，甚至毁种改茬，造成巨大损失。黄萎病在棉花花蕾期达到发病高峰，导致棉花落花、落蕾，甚至枯死，严重影响产量。现已经筛选出大量的高抗枯萎病棉花品种，随着这些品种种植面积的扩大，各棉区基本上控制了棉花枯萎病的危害。对于棉花黄萎病由于缺乏抗病品种，现用的品种只是对黄萎病具有一定的耐性。黄萎病严重威胁着棉花生产的发展，已成为棉花的第一大病害。

# 一、棉花生长期病害种类

## （一）枯萎病

棉花枯萎病从苗期开始发病，且发病症状最为明显，常表现为多样化，根据受害时期和严重程度，常见的症状类型有以下5种：

1. 黄化型　子叶或真叶从叶缘或顶部开始变色，局部甚至整个叶片变黄，但不出现黄白色网纹，最终叶片凋萎脱落。

2. 黄色网纹型　棉苗出土约20天后，子叶和真叶的叶脉褪绿，变成黄白色，而叶肉部分保持绿色。叶片局部或全部呈现纵横交错的黄白色网纹状。叶脉变色多由叶缘和顶部开始，以后向内逐渐扩展，形成块斑，有时可扩至整个棉株，自症状出现至棉苗枯死，一般需要15～20天。

3. 紫红型　在早春气温偏低或不稳定的条件下，患病植株的子叶或真叶局部或全部变紫红色，出现紫红色斑块和整个紫红色叶片，最终叶片脱落，植株死亡。紫红型症状叶部的叶脉多呈深紫红色。

4. 青枯型　病株的子叶或真叶突然失水，叶色呈深绿色，叶片变软下垂，最终植株青枯干死，但叶片不脱落。一般是出苗期遇高温天气（20℃）、空气相对湿度大于62%、日照强时，显症状较多。

5. 皱缩型　5～6片真叶时，有些叶片往往出现皱缩、畸形，叶色深绿，叶片变厚，节间缩短，病株比无病株明显变矮，但并不枯死。黄色网纹型、黄化型、紫红型的病株都可能变为皱缩型病株。

在成株期，枯萎病常见症状为矮缩型。叶片深绿色，皱缩不平。与健株叶片比较，病株叶片变厚、粗糙，叶缘向下卷曲，轻病株虽可带病存活，但多数生长畸形，发育不良，影响结蕾。

在棉苗时期，各种不同的棉花枯萎病病株的出现与环境条件密切相关。一般条件下（如室内），多出现黄色网纹型。田间遇有低温天气时，多为黄化型或紫红型。气温骤变条件下，如雨后迅速转晴、变暖，日光暴晒强烈，容易出现青枯型。

枯萎病株的共同特征：根、茎内部的导管变成黑褐色。

## （二）黄萎病

黄萎病在棉花的整个生育期均可发病。自然条件下幼苗发病少或很少出现症状。一般在长出 3 ~ 5 片真叶时开始显症，棉花现蕾后田间大量发病，开始在植株下部叶片的叶缘和叶脉间出现浅黄色斑块，后逐渐扩展，叶色失绿变浅，但主脉及其四周仍保持绿色，病叶出现掌状枯斑，叶肉变厚，叶缘向下卷曲，叶片由下而上逐渐脱落，仅剩顶部少数小叶，蕾铃稀少，棉铃提前开裂，后期病株基部生出细小新枝。纵剖病茎，木质部上产生浅褐色变色条纹。夏季暴雨后出现急性型萎蔫症状，棉株突然萎垂，叶片大量脱落，发病严重地块惨不忍睹，造成严重减产。由于病菌致病力强弱不同，症状表现亦不同。划分为落叶型或称光秆型、枯斑型或掌状枯斑型和黄斑型等。

1. 落叶型　该菌系的致病力强，病株叶片叶脉间或叶缘处突然出现褪绿萎蔫状，病叶由浅黄色迅速变为黄褐色，病株主茎顶梢、侧枝顶端变褐枯死，病铃、包叶变褐干枯，蕾、花、铃大量脱落，仅经 10 天左右病株成为光秆，纵剖病茎维管束变成黄褐色，严重时延续到植株顶部。

2. 枯斑型　叶片症状为局部枯斑或掌状枯斑，枯死后脱落，为中等致病力菌系所致。

3. *黄斑型* 病菌致病力较弱，叶片出现黄色斑块，后扩展为掌状黄条斑，叶片不脱落。在久旱高温之后，遇暴雨或大水漫灌，叶部尚未出现症状，植株就突然萎蔫，叶片迅速脱落，棉株成为光秆。剖开病茎可见维管束变成淡褐色，这是黄萎病的急性型症状。

黄萎病不矮缩，故能结少量棉铃。有时黄萎病和枯萎病混合发生，两种症状在同一棉株上显现，可通过剖检病茎鉴别。黄萎病、枯萎病都会引致维管束变色。黄萎病变色较浅，多呈黄褐色，枯萎病颜色较深，多呈黑褐色或黑色。发病重的棉株茎秆、枝条、叶柄的维管束全都变色。必要时镜检病原方可确诊。

### （三）褐斑病

主要危害叶片。子叶染病，初生针尖大小紫红色斑点，后扩大成褐色、边缘紫色、稍隆起的圆形至不规则形病斑，多个病斑融合在一起形成大病斑，中间散生黑色小粒点，即病原菌的分生孢子器。病斑中心易破碎脱落穿孔，严重的叶片脱落。真叶染病，病斑圆形，黄褐色，边缘紫红色。

## 二、生长期病害的成因分析

### （一）枯萎病

枯萎病菌主要在种子、病残体或土壤及粪肥中越冬。带菌种子及带菌种肥的调运成为新病区主要初侵感染源，有病棉田中耕、浇水、农事操作是近距离传播的主要途径。田间病株的枝叶残屑遇有湿度大的条件长出孢子借气流或风雨传播，侵染四周的健株。病菌的分生孢子、厚垣孢子及微菌核遇有适宜的条件即萌发，产生菌丝，

从棉株根部伤口或直接从根的表皮或根毛侵入，在棉株内扩展，进入维管束组织后，可在导管中产生分生孢子，并向上扩展到茎、枝、叶柄、棉铃及种子上，造成叶片或叶脉变色、组织坏死、棉株萎蔫。

该病的发生与温、湿度密切相关，地温20℃左右开始出现症状，地温上升到25～28℃出现发病高峰，地温高于33℃时，病菌的生长发育受抑制或出现暂时隐症，进入秋季，地温降至25℃左右时，又会出现第二次发病高峰。夏季大雨或暴雨后，地温下降易发病。地势低洼、土壤黏重、偏碱、排水不良或偏施、过施氮肥或施用了未充分腐熟带菌的有机肥或根结线虫多的棉田发病重。

### （二）黄萎病

病株各部位的组织均可带菌，叶柄、叶脉、叶肉带菌率分别为20%、13.63%及6.6%，病叶作为病残体存在于土壤中是该病传播的重要菌源。棉籽带菌率很低，却是远距离传播的重要途径。病菌在土壤中直接侵染根系，病菌穿过皮层细胞进入导管并在其中繁殖，产生的分生孢子及菌丝体堵塞导管。此外，病菌产生的轮枝毒素也是致病的重要因子，毒素是一种酸性糖蛋白，具有很强的致萎作用。适宜发病温度为25～28℃，高于30℃、低于22℃发病缓慢，高于35℃出现隐症。在温度适宜范围内，湿度、雨日、雨量是决定该病消长的重要因素。地温高、日照时数多、雨日天数少发病轻，反之则发病重。在田间温度适宜，雨水多且均匀，月降水量大于100毫米，雨日12天左右，空气相对湿度80%以上时发病重。一般蕾期零星发生，花期进入发病高峰期。连作棉田、施用未腐熟的带菌有机肥及缺少磷、钾肥的棉田易发病，大水漫灌常造成病区扩大。

棉花枯萎病的发生与土壤耕作层10厘米左右温度和降雨有关。当地温20℃左右时，从棉苗开始，随着地温上升，田间枯萎病苗率显著增加，北方棉区在5月底至6月初，地温达到25～30℃时，枯萎病也达到了发生高峰。夏季地温高达30℃以上时，病势暂停发展，进入潜伏期。秋季时地温下降后北方棉区发病有所回升，但不会出现明显的发病高峰。当地温适宜时，雨量也是影响发病的一个因素。枯萎病的发生情况决定于发病期间的雨量多少和分布。一般6月份雨水大、分布均匀，则发病严重，雨量少或降雨集中则发病轻。发病程度与棉花的生育期也有很大关系，虽然棉花在苗期就可染病死亡，但棉花枯萎病在棉花现蕾前后的现蕾期才达到高峰。

黄萎病的发病适宜温度为25～28℃，低于25℃或高于28℃时发病缓慢，温度高于30℃时不再显症，进入潜伏期。湿度对黄萎病的影响也较重要，温度适合湿度不适宜，该病也不会快速发展。当温度低于28℃，空气相对湿度大于70%时是黄萎病发生最适宜的条件。在棉花整个生育期，北方棉区一般有2个发病高峰，时间一般在6月底至7月初和8月底至9月初。

### （三）褐斑病

该病菌寄生性强，只在寄主叶组织上寄生，在病残体上越冬。苗期在阴雨、低温的年份发病较重。套作棉田土温低，空气湿度大，

棉苗生长较弱，容易发病。目前，棉麦套种面积很大，应注意褐斑病的流行和危害。地膜棉及营养钵育苗的苗床，发病也较严重。

## 三、生长期病害防治措施

### （一）防治策略

根据棉田枯萎病、黄萎病的发生情况，可以把棉田划分为无病区、零星病区、轻病区、重病区。实行保护无病区，消灭零星病区，控制轻病区，改造重病区的防治策略。

1. 加强检疫，保护无病区　主要是检疫。严禁从病区调运种子，重点保护无病区，防止病菌随种子传播蔓延，严禁使用来自病区和未经热榨的棉籽饼，以防止枯萎病、黄萎病的传入，建立无病供种基地，繁殖无病良种。

2. 及时消灭零星病区　主要措施是查找病株、消灭零星病株和铲除土壤病菌源。主要做到以下几点：一是在棉花生育期间或收花后拔棉秆前，捡净病株周围的病残体；二是在以病株为中心 1 平方米的范围内做土埂，将内土层深翻 30 厘米，越冬前彻底对土壤消毒，做到及时发现，及时消灭。

3. 及时控制轻病区　轻病区有向重病区转化的可能，应尽力压低和控制病害，使之向无病区方面转化，主要措施是以轮作倒茬为主，同时兼用种子处理、棉籽饼消毒、育苗栽培和清洁棉田等措施。

4. 全力消灭重病区　采取以种植抗、耐病高产品种为主的综合防治措施。

## （二）防治方法

1. 优选抗病新品种　高抗品种有新陆中2号。抗病品种有辽棉5号、辽棉10号、辽棉7号、中棉9号、中棉1号、中棉19号、中棉99号、中3723、中8004、中8010、晋68-420、晋86-4、晋86-12、晋棉21号、晋棉16号、湘棉16、鄂抗棉3号、临66610等。耐病品种有晋无2031、中棉18号、晋无252、鲁343等。在黄萎病、枯萎病混合发生的地区选用兼抗（耐）黄萎病、枯萎病的品种，如陕1155、辽棉5号、辽棉7号、中棉12号（381）、豫棉4号、冀棉15号、中棉17号、中棉16号等。

2. 普及轮作制　提倡与禾本科作物轮作，尤其是与水稻轮作，效果最为明显。在黄河流域棉区禾谷类作物与棉花轮作3年以上，采用小麦、玉米、油菜等轮作3～4年，可大大减轻棉花枯萎病、黄萎病的危害。南方棉区可采用水旱轮作1～2年的方式，防病效果明显。由于种水稻的淹水期间，会造成土壤无氧发酵，可杀死大量病原菌，防病效果显著。

3. 提高农业栽培技术　适时播种，清洁棉田，增施基肥和磷、钾肥，早中耕，及时除草、整枝、打叶，合理灌溉，及时排水等措施，都能增强抗病力，减轻枯萎病、黄萎病造成的危害。

4. 强化初期的棉种消毒处理　先对棉种进行硫酸脱绒，然后再以加入抗菌剂“402”2000倍液的55～60℃的热汤闷浸30分钟，浸种后捞出晾干即可播种。也可用50%多菌灵可湿性粉剂10克放在25毫升10%稀盐酸中，加水975毫升，再加入0.3克平平加或洗衣粉，配成1000毫升药液，每5千克棉种用药液17.5～20升于室温下浸种24小时。也可把多菌灵配成0.3%悬浮液于室温下浸种14小时。还可用杀菌剂进行种子包衣或选用包衣种子。

5. 高效施肥　减少辛硫磷等有机磷农药用药次数及浓度，防止

棉株受药害而降低自身抗病力。不要偏施、过施氮肥，做好氮、磷肥配合施用，注意增施钾肥，提高抗病力。改善棉田生态环境使棉田土温较高，但湿度不宜过大，忌大水漫灌，可减少发病。

6. 实施棉种土壤处理　可用70%二溴乙烷500倍液或滴滴混剂200倍液（黄萎病用120倍液）处理病区。也可以每平方米土壤用棉隆原粉70克，拌入30～40厘米深的土壤中，然后用净土覆盖或浇水封闭土表。也可用50%棉隆可湿性粉剂140克，加水45升稀释后浇灌。

7. 生物科技防治　放线菌对棉花黄萎病大丽轮枝菌有较强抑制作用。木霉菌对棉花黄萎病大丽轮枝菌有较强拮抗作用，可用以改善土壤微生物区系、进而减轻发病。

河北省农林科学院植物保护研究所成功地分离出了枯草芽孢杆菌NCD-2菌株，该菌株对棉花黄萎病具有较好的防治效果，目前已完成NCD-2菌株（萎菌灵）500升发酵罐的中试发酵工艺、制剂生产工艺与生产标准。使用时可先将棉花种子在水中浸泡，控去多余水分后，用萎菌净可湿性粉剂拌入棉种，用量为干种重的10%或每667平方米用量200～300克，或在棉花生长至开花期，用800～1000倍液进行喷雾，每隔7～10天喷洒1次，共喷药2～3次。

# 第三节 棉花铃期病害及防治

侵染棉铃的病害有20多种，其中最主要的是棉铃疫病，其他常见的还有炭疽病、角斑病、红粉病、黑果病、曲霉病、软腐病、红腐病、灰霉病和茎枯病，这些病害常复合侵染，同时发生，导致棉花减产15%～20%，多雨年份可达50%以上，严重影响棉花的质量。

## 一、棉花铃期病害种类

### (一) 疫病

疫病的发病多在青铃基部、铃缝和铃尖部位开始，先表现出深青色水渍状，逐渐扩展至全铃，变成青褐色，最后成为黑色油光状。从初见症状起，一般3～5天整个铃变为黑色。疫病初侵染后，很快侵染中柱、心皮及种子外皮，这些部分变青褐色。当铃表面开始变成青亮墨绿色时，铃面上见不到菌丝，显微镜检可见菌孢子，这是棉铃疫病最主要的特征。几天后在棉铃表面局部生出一薄层霜霉状物。在一般情况下病铃很快被其他腐生菌或弱寄生菌侵染，疫病症状被掩盖，病铃逐渐腐烂或成僵瓣。

### （二）炭疽病

棉铃受害初期产生暗红色或褐色小斑点。小斑点逐渐扩大后为圆形绿褐色病斑，表面皱缩，略凹陷，有时病斑边缘呈明显的暗红色，稍隆起，病斑表面常密生小黑点（分生孢子盘），湿度大时小黑点上产生淡粉红色黏液。潮湿条件下，病斑迅速扩展，几个病斑连在一块，扩大到全铃。棉铃成熟时，病部纤维常成为灰黄色僵瓣。受害严重时，棉铃不能开裂。

### （三）红粉病

红粉病又称棉铃红粉病。此病危害棉铃，病铃上布满粉红色绒状物，厚且紧密。气候潮湿时，变为白色绒状物，即病原菌的分生孢子梗和分生孢子，造成棉铃不能开裂，纤维连成僵瓣。

### （四）软腐病

病铃初生深蓝色或褐色病斑，后扩大软腐，产生大量白色丝状菌丝，渐变为灰黑色，顶生黑色小粒点即病菌子实体。剖开棉铃，呈湿腐状，影响棉花质量和纤维强度。该病多发生在被玉米螟蛀食的棉铃上，病情扩展较快，造成全铃湿腐或干缩。

### （五）红腐病

棉铃染病后初生无定形病斑，多在铃尖、铃壳裂缝或铃基部发生。病部初呈墨绿色，水渍状小斑，病斑扩展至全铃而呈黑褐色腐烂，遇潮湿天气或连阴雨时病情扩展迅速，遍及全铃，有的还可扩展到棉纤维上，产生均匀的粉红色或浅红色霉层，雨后易连在一起，形成粉红色的块状物，致使病铃不能开裂，棉花纤维腐烂呈僵瓣状。种子染病后，发芽率下降。

（六）黑果病

病菌只侵染棉铃，致全铃受害。铃壳初淡褐色，全铃发软，后铃壳呈棕褐色，僵硬，多不开裂，铃壳表面密生突起的小黑点即病菌分生孢子器。发病后期铃壳表面布满煤粉状物，棉絮腐烂，呈黑色僵瓣状。

（七）曲霉病

初在棉铃的裂缝、虫孔、伤口或裂口处产生水浸状黄褐色斑，接着产生黄绿色或黄褐色粉状物，填满铃缝处，造成棉铃不能正常开裂。连阴雨天或湿度大时，长出黄褐色或黄绿色绒毛状霉，即病菌的分生孢子梗和分生孢子，棉絮质量受到不同程度污染或干腐变劣。

（八）灰霉病

我国黄河流域、长江流域棉区后期棉铃上时有发生。据观察主要发生在棉花疫病、炭疽病侵染过的棉铃上，棉铃表面长有灰绒状

霉层，病情严重的造成棉铃干腐。

## 二、铃期病害的成因分析

### （一）疫病

棉铃疫病是导致棉花烂铃最主要的原因，连作棉田，地势低洼、排水不良、密度大、氮肥用量多、长势过旺的棉田发病严重。8月下旬至9月上旬，连续阴雨、温度高、湿度大、棉田通风透光性差，会造成疫病大范围发生。地膜覆盖棉田，成铃早，烂铃率高于未盖膜棉田。侵染循环特征见棉苗疫病。

### （二）炭疽病

见棉苗炭疽病。

### （三）红粉病

红粉病病菌可在病铃上越冬。该菌是弱寄生菌，多从伤口或铃壳裂缝处侵入，借风、雨、水流和昆虫传播，进行再侵染。低温、高湿有利于发病。暴风雨或害虫危害严重，发病重。土壤黏重，排水不良，种植密度大，整枝不及时，施用氮肥过多的棉田发病重。

### （四）软腐病

病菌寄生性弱，分布十分普遍，除寄生在棉铃上外，可在多汁蔬菜残体上以菌丝营腐生生活，翌年春条件适宜产生孢子囊时，释放出孢囊孢子，靠风雨传播，病菌则从伤口，或生命力衰弱，或遭受冷害的部位侵入。该菌分泌果胶酶能力强，导致病组织呈糨糊状，在破口处产生大量孢子囊和孢囊孢子，进行再侵染。气温23～28℃、空气相对湿度大于80%时易发病，雨水多或大水漫灌，田间湿度大，整枝不及时，株间郁闭，棉铃伤口多发病重。

## （五）红腐病

该病病菌在棉花生长季节营腐生生活。铃期分生孢子或菌丝体借风、雨、昆虫等媒介传播到棉铃上，从伤口侵入造成烂铃，病铃上种子内外部均带菌，形成新的侵染来源。红腐病病菌在3～37℃温度范围内生长活动，最适温度为20～24℃。高温对侵染有利。日照少、雨量大、雨日多可造成大范围流行。苗期低温、高湿发病较重。铃期多雨低温、湿度大也易发病。棉株贪青徒长或棉铃受病虫危害、机械伤口多，病菌容易侵入发病重。棉铃开裂期气候干燥，发病轻。

## （六）黑果病

病菌以分生孢子器在病残体上越冬。翌年条件适宜，产生分生孢子进行初侵染和再侵染。黑果病病菌是引起棉花烂铃的初侵染病原之一。黑果病发生的温度范围较宽，对湿度要求很高。雨量大发病重。棉铃伤口多，如虫伤、机械伤、烧伤等可诱发黑果病大发生。

## （七）曲霉病

病菌以菌丝体在土壤中的病残体上存活越冬。翌年春产生分生孢子借气流传播，从伤口或穿透表皮直接侵入，曲霉菌危害棉铃，能侵入种子，造成种子带菌，成为该病重要初侵染源。病菌分生孢子借风、雨传播蔓延，继续侵染有伤口、裂口的棉铃，使病害不断扩大。该病属高温型病害，是烂铃的次生病害。曲霉菌生长适温33℃。上海棉区曲霉病多于8月中下旬至9月上旬进入危害盛期，气温高的年份发病重。

### （八）灰霉病

灰霉病的菌核在土壤中或以菌丝及分生孢子在病残体上越冬为主。翌年条件适宜时，菌核萌发产生菌丝体和分生孢子梗及分生孢子，分生孢子成熟后脱落，借气流、雨水或露珠及农事操作进行传播，萌发时产生芽管，从寄主伤口或衰老的器官及枯死的组织上侵入，发病后在病部又产生分生孢子进行再侵染。本菌为弱寄生菌，可在有机物上腐生。发育适温20～23℃，最高31℃，最低2℃。对湿度要求低，空气相对湿度85%以上或棉田小气候的相对湿度高于90%，都有利于该病的发生和流行。

## 三、铃期病害防治措施

棉铃病害发生时间较长，常数种病害同时或先后复合发生，各种病害的发生规律十分相似，与温、湿度和田间小气候关系密切。因此首先要做好农业防治，结合栽培管理，创造不利于病害发生的条件，搞好虫害防治工作，重病田应适当采用化学防治措施，是铃病防治的总体策略。具体应从以下几方面进行：

### （一）加强田间管理

降低田间湿度是控制铃病发生的重要技术环节。棉花生长中后期，及时整枝、打杈、去老叶，对减轻发病作用明显，推株并垄有利于改善棉株下部小气候，降低湿度，减轻发病，雨天及时清沟排水，可减少一半烂铃。早期病铃是中后期病害的再侵染源，及早摘除早期病铃并带出田外深埋或烧毁，可减少病菌再侵染的机会。

### （二）合理套作栽培

棉田间套作其他矮秆作物，有利于改善通风透光条件，可将疫病减轻50%～90%；棉花实行宽窄行种植、高畦栽培等有利于降低田间湿度，加强通风透光，减轻发病。施氮肥过多易导致棉花徒长，抗病力减弱，且田间易郁闭，加重铃病发生。磷、钾肥有利于棉花健发稳长，增强抗病力。因此，施肥要氮、磷、钾配合施用。

### （三）减少虫害隐患

棉铃虫、玉米螟、红铃虫、金刚钻等中后期蛀铃害虫危害的伤口，为病菌的入侵增加了机会，且害虫也是病菌携带者和传播者。因此，搞好中后期害虫防治工作，可有效减轻铃病的发生。

### （四）及时、合理的药剂施用

铃病受气候及田间棉株生长状况影响很大，发生时间长，病菌种类多，药剂防治有一定难度，并且中后期棉株高大、茂密，南方降雨频繁，在一定程度上增加了施药难度并影响药剂效果。但是，在上述铃病中，除角斑病由细菌侵染发病外，其余的全是真菌性病害，这为药剂防治提供了一定的可能性和效果保障。

1. *喷雾防治*　结合红铃虫防治，用50%多菌灵可湿性粉剂600～800倍液，或70%甲基托布津可湿性粉剂800～1000倍液，或70%代森锰锌可湿性粉剂800～1000倍液喷雾，连续2～3次。

2. *用药保护*　铃病初发时用药，以后每隔10天喷药1次，连施3次。可用1∶1∶200波尔多液，或77%多宁可湿性粉剂600～800倍液，或14%络氨铜水剂400～500倍液等。此外，还可选用炭

疽福美、代森锰锌、甲霜灵、甲霜灵锰锌等药剂喷施，喷施时以铃为重喷部位。

## 第四节 棉花生理性病害及防治

### 一、棉花红（黄）叶茎枯病

#### （一）发病症状

棉花红（黄）叶茎枯病是一种生理性病害。一般在棉花蕾期开始显症，在结铃吐絮期发病最重，吐絮期成片死亡。主要症状表现在叶片上，呈现红叶或黄叶两种。

发病初期，叶片出现红色或紫色斑点，此后逐渐发展，除叶脉仍保持绿色外，其他部分均呈黄色、紫色或红色，随着病情的继续发展，全叶片变成黄褐色或红褐色。病叶边缘向下卷曲，叶片干枯凋落，最终全株枯死。发病轻的棉株，如得到营养条件和气候变为正常，茎部还能生出腋芽，但不能开花结铃。发病顺序主要从主茎顶端或果枝的枝梢开始发病，自上而下，自内向外发展。在自然条件下，不同棉田表现不同类型，有黄叶型和红叶型，两者多兼有，同一株叶片也可表现不同的颜色。发病植株矮小，结铃少而小，吐絮早，纤维品质差。

## （二）发病规律

棉花红（黄）叶茎枯病的发生与多种因素相关，一般认为土壤、气候、灌溉、耕作制度及营养与棉花红（黄）叶茎枯病的发生密切

相关，这些条件直接影响棉株的生理功能，造成根系发育不良，影响棉株对养分的吸收。棉田耕作粗放，土壤板结透气性差，棉根发育不良，病害表现较重。土壤缺少有机肥，特别是缺乏钾肥，病害发生较重。过量施用氮肥，导致棉花长势过旺，田间郁闭，影响对钾元素的吸收，加重病害的发生。田间排灌不畅，长期干旱或雨后长期积水，影响根的生长，病害发生较重。盐碱地棉田，土壤养分供应不平衡，常诱发该病的发生。前期结铃早而多，导致后期棉株过早衰败的棉田，病害发生较重。恶劣的天气条件，长期干旱后突降暴雨易引起该病的发生，长期阴雨也能加剧该病危害。

## （三）防治方法

1. 增施钾肥，提高肥效利用率　缺钾是诱发棉花红（黄）叶茎枯病的主要因素之一。对土壤潜在性缺钾或施钾较少的棉田，每667平方米可追施氯化钾或硫酸钾10～15千克、过磷酸钙20～30千克，以满足棉花对钾元素的需求，调整棉田肥料配比结构，提高氮、磷的利用率。

2. 加强管理，增强棉株抗逆能力　对于旺长棉田，每667平方米可施用缩节胺2～3克或助壮素8～12毫升，对水50升喷雾，能有效促进其稳长。对于土壤板结的棉田，及时中耕破板通气，增强土壤通透性能。对于地势低洼，排水不良的棉田要及时注意疏通灌沟，排除田间积水，促使棉根生长下扎。地膜覆盖的棉田，要及时揭去地膜，促使棉根向纵深发展。增施农家肥及有机肥，平衡土壤养分，促进棉花健康生长；轻施苗肥，重施花铃肥，并且施肥时要氮、磷、钾配合施用；及时整枝打杈，保证棉花养分、水分的合理应用；加强棉花病虫害的防治，保证棉花健壮生长。

3. 喷施叶面肥，改善棉株吸肥环境　发病前期或初期棉田可采取叶面喷施2%尿素+0.2%磷酸二氢钾+叶面微肥混合液，重点喷施中、上部叶片背面，间隔7～10天喷施1次，共喷施2～3次，防治效果较好。

4. 抗灾防病　灾害性天气是此病的主要诱导因素，因此要完善棉田排灌设施建设，改善排灌条件，做到旱能浇、涝能排，保证棉株的正常生长发育。

## 二、棉花缺素症

棉花在生长发育过程中，由于某种营养元素缺乏而引起的植物生理失调，生长不正常，出现的各种病状称为缺素症。主要有缺少硼、锌、锰、钼、铜、铁等微量元素。

### （一）缺硼症

1. *发病症状*　在土壤严重缺硼时（土壤含速效硼小于 0.1 毫克/千克），在苗、蕾期即有表现，主要是叶片变厚、变脆，色暗绿无光泽，主茎生长点受损，腋芽丛生，上部叶片萎缩，至蕾铃期脱落严重。但病症却最早出现在叶片上，症状易发生于现蕾到开花的新生组织上。

2. *发病条件*　有机质少的土壤、沙性土、保水保肥性差的土壤，及生育期持续干旱和雨水过多的，易诱发缺硼。

3. *施肥方法*　播种前每 667 平方米施持力硼 200 克作为基肥，或用20.5%速乐硼或者20.5%威力硼1000 倍液，在棉花蕾期、花铃期各喷施 1 次。

### （二）缺锌症

1. *发病症状*　从第一片真叶开始，幼叶即呈现青铜色，叶脉间明显失绿，变厚变脆易碎。叶边向上卷曲。叶间缩短，植株矮小呈丛状，生长受阻，结铃推迟，蕾铃易脱落，症状易发生在花铃期的老叶上。

2. *发病条件*　磷肥施用量大，以及施用氮肥过多，都会导致土壤有效锌的不足。

3. *施肥方法*　每 667 平方米用硫酸锌 1 千克拌细干土 10 ~ 15

千克，在耕地前基施或苗期追施，叶面喷施70%禾丰锌3000倍液，或25%威力锌1000倍液，在苗期、现蕾期各喷施1次。

### （三）缺锰症

1. *发病症状* 幼叶在叶脉间出现浓绿与淡绿相间条纹，叶片的中部比叶尖端更为明显，叶尖初呈淡绿色，在白色条纹中同时出现一些小块枯斑，以后连接成条和干枯组织，并使叶片纵裂。症状易发生于现蕾初期到开花的植株上部及幼嫩叶片。

2. *发病条件* 土壤pH大于7、沙性、有机质含量低的地块有效锰含量低，雨水过多，锰素易淋失，发病重。

3. *施肥方法* 用0.2%硫酸锰或高锰酸钾800倍液，或600倍液的绿叶素等含锰的叶面肥，在苗期、初花期、花铃期各喷施1次。

### （四）缺钼症

1. *发病症状* 老叶失绿植株矮小，叶缘卷曲，叶子变形，以至干枯而脱落。有时导致缺氮症状，蕾、花脱落，植株早衰。症状易发生于苗期到现蕾的植株新生组织。

2. *发病条件* 大量使用磷肥、含硫肥料，以及使用锰肥过量。

3. *施肥方法* 用0.05%~0.1%钼酸铵溶液喷施2~3次，也可使用含钼的叶面肥。

### （五）缺铜症

1. *发病症状* 植株矮小，失绿，植株顶端有时呈簇状，严重时顶端枯死，而且棉花缺铜容易感染各种病害。该症状易发生于植株新生组织。

2. *发病条件* 有机质含量低、土壤呈碱性，铜的有效性降低。氮肥施用过多，也会引起缺铜。

3. *施肥方法* 每667平方米施硫酸铜0.2～1千克拌细干土10～15千克，耕前均匀撒施，叶面喷施，可用0.02%硫酸铜在苗期、开花前各喷施1次。

### （六）缺铁症

1. *发病症状* 表现为缺绿，开始时幼叶叶脉间失绿、叶脉保持绿色，以后完全失绿，有时一开始整个叶片就呈黄白色，茎秆短而细弱；多新叶失绿、老叶仍保持绿色，症状易发生于新生叶片。

2. *发病条件* 土壤中磷、锌、锰、铜含量过高，钾含量过低，土壤黏性大，水饱和度高，使用硝态氮肥，均会加重缺铁。

3. *施肥方法* 每667平方米用硫酸亚铁5～10千克作基肥，叶面喷施600倍液的绿叶素等含铁的叶面肥。

## 三、棉花药害症

农药使用不当，如高浓度用药、高温下施药、花期施药，特别是使用对棉花敏感的除草剂时，均能形成药害。

### (一) 发病症状

触杀性药剂可产生急性药害，一般在几小时至几天内出现药害，轻者表现为叶片边缘、叶尖烫伤、变色、卷缩、焦枯等，重者叶片大部呈水渍状，或出现斑枯、条纹、变色、卷缩、焦枯等症状。

内吸性药剂则产生慢性药害，施药后较长时间才表现出植株矮化、畸形、叶肉增厚、叶色浓绿、叶形皱缩等，严重时侧枝丛生、生长点坏死。苯氧羧酸类激素除草剂如二甲四氯、2，4-D、2，4-D丁酯等在极低浓度时表现刺激作用，稍高浓度时则抑制生长，表现畸形，甚至死亡。如棉花受2，4-D药害后，叶片变小变窄，呈“鸡爪状”。氟乐灵的过量使用会使棉花主根形成肿瘤，次生根生长受抑制，生长发育受阻、变弱。残效期长的除草剂，如氟乐灵、莠去津、虎威、绿黄隆等，其残留毒性往往造成轮作中敏感的后茬作物受药害。

### (二) 防治措施

防治棉花产生药害，首先要选好农药，看清剂型、含量、质量和防治对象，严格按操作规定使用。若用除草剂做土壤处理，有机质含量高的黏性土用药量可稍多一点，有机质含量低的沙土用药量应少些。喷施除草剂时要注意风向，设立隔离带，防止药剂随风飘移而伤害邻近的敏感作物。喷洒除草剂的喷雾器应专用，施过药后要把喷雾器认真冲洗干净，以免以后伤害其他作物。

### (三) 补救措施

药害一旦产生，应立即采取补救措施减轻药害。对于触杀型除草剂药害，可追施速效肥料及根外追肥来挽救，以恢复作物生长，对激素型除草剂如2，4-D、二甲四氯雾滴飘移到棉花上产生的药害，可打去畸形枝，并喷洒赤霉素或撒草木灰、活性炭等，促进侧枝正常生长。安全保护剂R－25788和NA萘酐对酰胺类除草剂如敌草能、拉索、丁草胺、乙草胺、都尔等有良好的保护作用，可根据情况选择使用，以避免或减轻除草剂的药害。发生药害后，及时喷洒600倍植物细胞膜稳定剂“天达－2116”药液，或爱增美2000倍液，或5000倍康凯药液，每5天1次，连续2～3次，可明显降解药害症状，减轻危害。

# 第六章 我国棉花虫害及其防治

# 第一节 棉花害虫的种类

棉田中的植食性昆虫种类繁多，已有记载的达300余种，但大多数种类由于环境因素的影响和生物群落的相互制约关系，种群数量都处于低密度水平，尚不足以造成棉花的经济损害。只是其中30种左右发生数量较大，能不同程度地造成危害，应列为防治对象。

在全国分布广泛、危害较严重的种类或类别有：棉蚜、棉铃虫、红铃虫、棉红蜘蛛、棉盲蝽等。有些种类分布虽不广，但在局部地区危害较重，或分布虽广，但不是常年严重发生，如棉叶蝉、棉蓟马、小地老虎、棉金刚钻、棉尖象、棉造桥虫、棉卷叶虫等。我国南北棉区不同，主要棉虫种类及发生危害程度有各自特点，如黄河流域棉区，以棉蚜、棉铃虫最严重，其次为棉红蜘蛛、棉蓟马、棉

盲蝽等，而红铃虫由于对低温抵抗能力弱，虽有分布，但危害程度远不如南方棉区，新疆棉区该虫尚未有分布，因此划为保护区，列为检疫对象。长江流域棉区以棉红蜘蛛、红铃虫、棉盲蝽为主。棉蚜、棉铃虫近年来的危害略有下降，但也常有严重发生。棉盲蝽趋向严重，其次有棉叶蝉、小地老虎、造桥虫、卷叶虫等。辽河棉区，一年一熟，棉蚜、棉铃虫为主，其次为棉盲蝽、小地老虎等。新疆棉区由于气候和地理条件特殊，有些棉虫为本区所特有，棉铃虫、棉盲蝽是主要种类，其次是棉长管蚜、棉黑蚜、黄地老虎和南疆的拐枣蚜。近年来棉蚜在该区也发生严重。华南棉区为分散棉区，种植面积小，棉蚜、棉铃虫、红铃虫、棉红蜘蛛、棉金刚钻、棉叶蝉均有发生，但危害程度近年来有所下降，尤以棉金刚钻明显。此外，亚洲玉米螟在棉田内危害的报道，已引起重视，需考虑相应的防治措施。最近在华北部分省、市还发现美洲斑潜蝇危害棉叶，有关部门更应加强监视。

## 第二节 我国棉花虫害的防治

### 一、棉盲蝽

棉盲蝽常见的有 5 种，即绿盲蝽、中黑盲蝽、苜蓿盲蝽、三点盲蝽和牧草盲蝽，均属半翅目，盲蝽科。由于棉盲蝽种类多，在一个地区常不只发生一种，并且迁入棉田前就已在早春寄主上繁殖，不同种类迁入棉田的时间早晚也参差不齐，从棉花开始现蕾，直至花、铃期均可不断发生盲蝽危害。棉盲蝽成虫、若虫刺吸棉株汁液，造成生长发育畸形，蕾铃脱落，对产量影响甚大，是蕾铃期的重要害虫。

1. 分布与危害　绿盲蝽分布最广，南北棉区均有一定数量发生，是优势种。中黑盲蝽偏于北方棉区发生，长江流域棉区以江苏、浙江、安徽等省虫口密度较大。苜蓿盲蝽也属偏北方棉区发生的种类。三点盲蝽和牧草盲蝽主要分布于北方棉区，后者在西北内陆棉区更属重要。20 世纪 70 年代棉盲蝽的发生危害在长江下游一带少数地区有所加重，近年棉田间、套作制度发展，尤其是绿肥、蚕豆等面积扩大，造成棉田内外虫源数量增大，且常常几种混合发生，世代重叠，已成为蕾铃期的重要防治对象，这些地区棉株受害率可达 30% ~60% 。

棉盲蝽寄主植物种类繁多，食性杂，除危害棉花外，对豆类、绿肥、十字花科蔬菜、麻类、菊科的向日葵及一些树木均可危害。棉株子叶被害造成枯顶，真叶出现后顶芽受害，不定芽丛生，造成无头棉或多头棉，叶片被害造成破叶疯，蕾铃被害造成大量脱落，顶心和旁心被害使枝叶丛生疯长而成扫帚棉。

2. 发生规律及主要习性　棉盲蝽种类不同，1 年发生代数均有差异，同一种类南方发生代数多于北方。例如绿盲蝽在北方棉区 1 年发生 3 ~5 代，而在南方棉区可发生 5 ~7 代。

棉盲蝽以卵在寄主植物叶片、叶脉、叶柄、茎秆、枝条、树皮内越冬。只有牧草盲蝽以成虫在树皮缝内、枯枝落叶下和杂草中越冬。春季先在越冬植物上生活繁殖，棉株快现蕾时迁入棉田，现蕾盛期危害最烈，结铃后渐趋下降。棉盲蝽喜温暖潮湿，多雨年份危害较重，最适温度为23 ~30℃，相对湿度为 80%，11℃以下或 35℃

以上影响生长发育。因此，早春以温度、夏季以降水量为主要影响因素。棉株生长高大，茂密嫩绿、蕾花较多的均受害严重。植株内含氮量多少与危害程度成正比，中等大小叶、幼蕾、幼铃，因含氮量高于老叶、大蕾、大铃而受害较重。大水高肥棉田重于干旱低肥田。

3. 防治方法

(1) 加强越冬虫源地和早春寄主的防治　棉盲蝽迁入棉田前已在越冬和早春寄主上繁殖危害一段时期，是棉田内发生危害的虫源地，是防治对策上的重要环节。在越冬卵孵化前，结合积肥铲除田边地头杂草，加强棉田管理，合理施肥。必要时还应根据虫情和防治指标施药，以压低虫源基数。

(2) 苗、蕾铃期施药　苗期用40%久效磷乳油或药液滴心防治一部分早期迁入棉田的棉盲蝽。蕾铃期防治，除久效磷外，氧化乐果、辛硫磷、1605等1000倍液喷雾也有较好防效。此外，30%赛丹乳油，10%吡虫啉可湿性粉剂，20%灭多威乳油，5%抑太保乳油等2000倍液喷洒，对棉蚜、叶螨的兼治效果更佳。

棉盲蝽的防治指标，根据对绿盲蝽和中黑盲蝽的研究和示范实践表明，苗期为百株有虫4~7头；蕾期为百株有虫8~11头；铃期为百株有虫10~20头。这一防治指标可供各地参考应用。

## 二、棉红蜘蛛

棉红蜘蛛又称棉叶螨，在我国棉区分布比较广泛，且有多种。危害严重的主要是朱砂叶螨，但截形叶螨、二斑叶螨常与之混合发生。朱砂叶螨又称红叶螨，属蜱螨目，叶螨科。

1. 分布与危害　棉红蜘蛛是世界性害螨，我国各产棉区都有分布，是苗期的主要害螨，在有些棉区，蕾花期发生危害也相当严重。

棉红蜘蛛以成螨、幼螨、若螨刺吸叶片汁液危害，被害叶片出现黄白或红色斑点，轻则造成红叶，重则叶片干硬，经风一吹全部脱秆，状如火烧。苗期发生早时，严重危害能致毁种。该螨食性杂，寄主植物范围广泛，我国已知有 32 科 100 余种，除棉花外，尚有玉米、高粱等多种粮食作物；豆类、麻类、瓜类等多种油料和蔬菜作物，在苹果、桃、梨及桑、槐、椿等果林上都可发生，野生杂草寄主更广。间歇性暴发危害，不是常年都严重发生。近年来由于棉花与粮食和油料作物的间作套种面积扩展，为棉红蜘蛛创造了有利的生存条件，不少棉区，危害有加重趋势。长江流域棉区已列为重要的防治对象，北方棉区部分棉田也需常年防治。新疆棉区气候干燥高温，有利红蜘蛛的繁殖，螨株率可达 50% 以上，防治不及时的棉田，产量损失也常达 50%。

2. *发生规律及主要习性* 棉红蜘蛛 1 年发生 10 余代，南方棉区 1 年发生 20 代以上。各棉区在棉花生长发育过程中均可出现 2 次以上高峰。黄河流域棉区 6 月中下旬至 8 月中旬发生 2 ~ 3 次高峰；长江流域棉区 4 月下旬至 9 月上旬发生 3 ~ 5 次高峰；东北和西北内陆棉区也可发生 2 次高峰。高峰期间常常卵、幼螨、成螨同步出现，给防治造成一定困难。

棉红蜘蛛越冬场所除棉田枯枝落叶下土缝内，以成螨蛰伏越冬外，田外杂草中、土下、树皮下均可越冬。成螨有休眠型也有活动型，有的地区还可以少数卵及幼螨越冬。翌年当气温上升达 5 ~ 7℃时，越冬虫态便开始活动。棉苗未出土时，先在棉田外杂草或早春寄主上繁殖，其后陆续迁入棉田，因此棉田外的螨源与棉田内发生危害的关系甚为密切。朱砂叶螨繁殖最适温度为 25 ~ 30℃，相对湿度为 35% ~ 55%，因此高温低湿危害重，尤其干旱更有利于大发生。30℃以上和相对湿度大于 70% 均不利其繁殖。它的扩散受风向、风速、气温、雨量和地势等条件的影响，一般天热少雨发生快，有风

时可借风力蔓延；雨量多、降雨强度大，对其扩散不利。在棉株上的垂直分布，一般以中部叶片数量最大。在棉田内扩散多以田边向内扩散，开始多呈点片发生，因此防治要求及时。

棉田栽培管理技术和棉株生长状况与棉红蜘蛛的发生也有密切关系。当棉叶细胞渗透压为669.76千帕，对其刺吸汁液最为有利，渗透压提高到1379千帕时，能抑制它的发育。因此合理施用氮、磷肥能使棉叶细胞渗透压提高而减轻危害。当棉株由于水肥不足、生长较弱时，虽然渗透压没有改变，但植株体内可溶性糖含量高，仍有利于其繁殖，并且这类棉田又易造成高温低湿的小生态环境，而适于棉红蜘蛛的繁殖，棉株本身水分损失也快，因此受害程度仍会严重。

3. 防治方法

（1）压低冬春螨源，控制中心螨源扩散　在棉苗未出土前，加强对棉田内外螨源地的调查，及时铲除田间和地边杂草、枯枝落叶；重视棉田冬季耕翻灌水措施；力求减少越冬和早春螨源数量。棉苗出土后，重点监视间、套种田内的嗜食寄主如玉米、豆类等，适时摘除玉米下部老叶携出田外，豆类等作物如有螨情发生应及时喷药。

（2）作物合理布局，加强栽培管理　棉花间、套种作物的选择，根据可能尽量少种绿豆、蚕豆、玉米，而扩大麦类面积；绿肥留种田选用棉花早熟品种。

（3）早期适时化学防治　在棉花生育前期，红蜘蛛呈点片发生时通过田间调查掌握螨情，当棉叶出现黄白株率达20%即可用药。当叶螨由点片扩散到全田，尤其是麦套棉田及干旱棉田更应重点监视，力求在几次发生高峰前适时施药以压低发生数量。在干旱少雨或高温低湿的情况下，加强田间螨情调查，适时进行全田施药以避免成灾。防治棉蚜的种子处理及用药点、涂防治，对棉叶螨也有一定效果。实行点片挑治和全田喷药的，以及产生抗药性的地区，总的来说力求少用广谱性药剂，多用选择性农药。根据不同情况选用下列药剂之一喷施：20% 三氯杀螨醇 1000～1500 倍液，20% 三氯杀螨砜 800 倍液，73% 克螨特乳油 3000 倍液，5% 卡死克乳油 1500 倍液，20% 速螨酮乳油 3000 倍液，20% 硫悬浮剂 300 倍液，50% 溴螨酯乳油 1000 倍液和 10% 吡虫啉可湿性粉剂 1000 倍液等，均有较好防效。上述农药也可与久效磷、氧化乐果等广谱性农药轮换使用以延缓抗药性。有些棉区用 80% 敌敌畏乳油与 20% 三氯杀螨砜分别稀释后，按 4∶1 混合成 1000 倍液喷施，对抗性螨的防效也很好。

## 三、棉田亚洲玉米螟

棉田亚洲玉米螟属鳞翅目，螟蛾科。幼虫蛀食棉花顶部嫩头赘芽或叶柄，也能蛀食棉茎造成棉株折断。蛀食幼蕾造成扭花，蛀食蕾、铃均可使之脱落或招致病菌而烂铃。

1. *分布与危害*　棉田亚洲玉米螟是世界性分布的害虫，我国除青藏高原外，在全国各玉米种植区均有分布。尤以北方春玉米区、黄淮平原春夏玉米区发生危害重。多年来随着麦棉间套作面积扩大，春玉米面积减少，玉米螟已逐渐转向危害棉花并有日益严重的趋势，成为重要防治对象。麦棉套作面积大，或春夏玉米与棉花交错种植则受害更重，如不及时防治常造成棉花减产。

2. *发生规律及主要习性*　以老熟幼虫在受害棉花和玉米茎秆内越冬。1 年发生代数由北向南逐渐增多，黄河流域棉区年发生 3 代，长江流域棉区 3～4 代。越冬代成虫多产卵于小麦、春玉米和棉苗上，孵化为幼虫后即行取食。黄河流域棉区 6 月上中旬进入幼虫危害盛期，江苏棉区第一代集中在棉田危害，第二、第三代转到玉米田。夏玉米棉花区重点是第一代。温度在 25～30℃，旬平均相对湿度在 60% 以上有利于它的发生，气候干燥、温度太低或雨水过多则对其不利。麦棉间作棉田的发生量比平作棉田要多得多。成虫对黑光灯有趋性，玉米心叶期对成虫产卵也有较大吸引力。

3. 防治方法

（1）压低冬春虫源，减轻棉田受害　麦棉间作田，小麦收获后及时运出田外，严防幼虫向棉株上转移；棉花混种区尽可能分区种植避免交错，有的地区可在棉田稀疏地种植一些玉米以诱集成虫产卵后灭卵。

（2）棉田内适期用药　棉田第二代玉米螟百株卵块约超过 3 块，第三代约超过 4 块，掌握卵孵化高峰时立即施药。可选用 2.5% 溴氰菊酯乳油 2000 倍液或 50% 对硫磷乳油 2000 倍液、50% 辛硫磷乳油 1500 倍液、20% 敌氰乳油 2000 倍液、20% 灭多威乳油 2000 倍液及 90% 结晶敌百虫 1500 倍液喷雾防治。有的棉区在 2 ~ 3 代产卵盛期释放赤眼蜂或喷施 B. t. 乳剂、白僵菌。

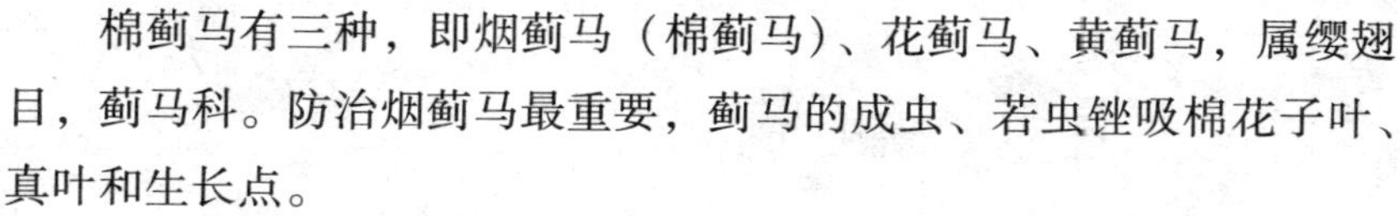

## 四、棉蓟马

棉蓟马有三种，即烟蓟马（棉蓟马）、花蓟马、黄蓟马，属缨翅目，蓟马科。防治烟蓟马最重要，蓟马的成虫、若虫锉吸棉花子叶、真叶和生长点。

1. 分布与危害　烟蓟马在各主要棉区均有分布，北方棉区危害较重。寄主植物除棉花外尚有烟草、蔬菜、瓜类、甜菜、马铃薯等 20 余种。棉花受害后产生银灰色斑点，叶片变形；生长点受害严重时可折断或形成无头棉，或使棉苗死亡，蕾、花受害脱落。南方棉区以花蓟马发生较重，寄主植物尚有豆类、绿肥及水稻等。黄蓟马多分布于云南部分棉区。蓟马不是常年发生，近年来有些棉区有所上升。

2. 发生规律及主要习性　烟蓟马在黄河流域棉区 1 年发生 6 ~

8代，辽河流域棉区3~4代。主要以成虫在葱、蒜叶鞘内侧、土块、土缝下及枯枝落叶处越冬。翌年春季开始活动，在越冬寄主上繁殖一段时间后迁移到早春作物及杂草上，棉苗出土后迁入棉田。烟蓟马多在干旱年份发生，温度25℃以下，相对湿度60%以下发生较多。花蓟马则以中温高湿为适宜。棉田四周杂草多，或邻近蓟马的早春寄主上则发生早而重。

3. *防治方法*　在成虫迁入棉田前对早春寄主作物施药防治，棉田内避免与蓟马的早春寄主间作，一般麦棉套种，可减轻蓟马的危害。在棉田内用药防治棉蚜的同时可兼治蓟马。用药防治棉蓟马的防治指标，除根据上述棉田内外寄主植物情况外，气候条件也很重要，加强虫情调查，尤其在定苗后更要定期进行取样调查。一般在3片真叶前百株有虫10头，4片真叶后百株有虫20~30头，或有虫株率达到5%以上时，即行防治。施用的药剂有50%辛硫磷乳油或35%伏杀硫磷乳油1500倍液，35%赛丹乳油2000倍液或10%吡虫啉可湿性粉剂2000倍液，44%多虫清乳油30毫升对水60千克喷雾亦可。

## 五、棉田美洲斑潜蝇

棉田美洲斑潜蝇属双翅目，潜蝇科，又称蔬菜斑潜蝇、蛇形斑潜蝇、甘蓝斑潜蝇等。寄主植物甚多，有棉花、麻类、烟草及多种蔬菜等100余种植物。在棉花上以幼虫在叶片中潜食叶肉，造成多条白色潜道影响叶片光合作用。幼虫多时使叶片整片发白以至腐烂。

1. *分布与危害*　棉田美洲斑潜蝇原分布在巴西、加拿大、美国、墨西哥、智利等30多个国家和地区，近年传播到我国，1994年在海南省首次发现，已扩散到从南到北12个省、市、自治区。在黄河流域棉区如河南、山东、河北等省危害棉花亦属首次，其后相继

又在山西发现。由于该虫发生危害迅速，世代重叠，寄主植物种类又多，抗药性的产生和发展均快，应引起足够重视。许多国家均将其列为检疫对象。

2. 发生规律及主要习性　美洲斑潜蝇为多食性害虫，寄主植物种类多，对不同作物的嗜食程度各异。其对豆角、番茄最为嗜食，对茄子、白菜等蔬菜较轻，对棉花的取食危害程度比蔬菜、果类轻。该虫产卵在寄主植物叶片正面，孵化后幼虫即在叶片中潜食叶肉，呈蛇形潜道，至末端处化蛹而呈粒状突起。蛹可粘挂叶片上而落入土中。各虫态历期长短受温湿度影响甚大。高温高湿有利于其发生，生活周期短，发生世代重叠。25～32℃适于其生长发育，相对湿度以70%～80%为宜，在此条件下20天左右即可完成一代。34℃以上、20℃以下则对其生长不利。因此，一般在植株上的危害常呈由下往上的垂直分布。成虫飞翔力弱，寄主间的传播主要依靠风力，长距离的扩散传播主要是寄主植物带有卵或幼虫随运输工具或包装材料而蔓延。成虫和低龄幼虫对药剂敏感，但该虫对农药抗性的产生快、抗药性水平高，因此对用药种类的选择、防治适期的掌握以及施药方式均应认真对待。

3. 防治方法

(1) 严格实施检疫，防止传播蔓延　该虫主要寄主多为果菜，且在南方地区发生严重。因此运往北方的果菜应加强检疫，拟北运的蔬菜一旦发现有该虫应改作就地销售，防止该虫扩展。此外要加强疫区的调查，严禁从疫区引进蔬菜和花卉。

(2) 品种种植布局合理，加强田间管理　将害虫嗜食的作物品种和非嗜食品种进行间套作或轮作，并做到适当疏植，处理老叶残蔓、采摘受害叶片，集中焚毁或沤肥或深埋。

(3) 田间以适时用药为主，结合诱杀和利用有效天敌　根据田间虫情调查，掌握成虫羽化盛期和幼龄幼虫盛期喷施农药。棉田由于从苗期到蕾铃期虫害多，用药种类、次数也较多，一般情况下该虫常可兼治。但对虫量较多的棉田易造成严重危害，可喷施2.5%功夫菊酯3000倍液，10%氯氰菊酯3000倍液，40%乐果1000倍液，48%乐斯本乳油1000倍液，1.8%爱福丁乳油3000～4000倍液，25%杀虫双水剂500倍液，5%卡死克乳油2000倍液，5%抑太保乳油2000倍液及1%增效7051生物杀虫素2000倍液等。一般来说，用药应以防治为主，在治成虫的同时应兼治低龄幼虫，并注意轮用或混用以防止抗药性产生。此外，有的地区于田间采用灭蝇纸或黄色粘卡诱杀。

## 六、棉铃虫

棉铃虫是蕾铃期的重要害虫。属鳞翅目，夜蛾科。以幼虫钻蛀取食花、蕾、铃，棉田内可发生数代，危害时期较长，对棉花产量和质量的影响甚大，在我国南北棉区均已列为主要防治对象。

1. 分布与危害　黄河流域棉区常年发生，危害最重；新疆棉区和辽河棉区也每年发生，数量较大；长江流域棉区虽较轻，但近年也相当严重。特别是自20世纪90年代以来，在我国北方棉区连年猖獗成灾，棉花受害损失极为严重，一般棉田减产40%～50%，部分防治不及时或防治质量差的棉田减产更重，甚至不得不改种其他作物。

棉铃虫食性杂，为多食性害虫。除棉花外，玉米、小麦、蚕豆、豌豆、绿肥作物、麻类及番茄、辣椒、向日葵等都是其寄主植物。幼虫取食棉花嫩叶、顶芽，但主要食害蕾、花、铃造成脱落，棉株发育延缓，霜后花多，且能诱致病菌侵害造成烂铃。棉铃虫在棉田内可多代发生，有时也同伏蚜发生盛期吻合，因此，棉花蕾铃期的虫害较苗期虫害更为显著。

2. *发生规律及主要习性* 棉铃虫1年发生代数南方多于北方。辽河和新疆大部棉区发生3代；北纬32°~40°的黄河流域棉区及部分长江流域棉区年发生4~5代；北纬25°~32°的长江流域棉区年发生5代；北纬25度以南的华南棉区年发生6代，云南部分棉区可发生7代，且冬季蛹不滞育。危害世代，在辽河棉区和新疆棉区为第二代，黄河流域棉区为第二、第三代，长江流域棉区为第三、第四代，华南棉区为第三、第四、第五代。各棉区第一代均发生在棉田外，棉花现蕾后开始进入棉田。棉铃虫以蛹在土下2~6厘米处越冬。黄河流域棉区在棉铃虫大发生年份，由于发生量大、发生危害时期延长，以致危害世代在部分棉区有增多的情况。

成虫夜出活动有趋光性，对杨树枝有趋向性，飞行能力强。可用黑光灯诱蛾测报，清晨在棉田插杨树枝束诱集捕杀。越冬代成虫出现后在小麦、番茄、豌豆等作物上产卵，孵化为幼虫危害，麦收时棉花开始现蕾，第一代成虫转入棉田。第二代卵多产于棉株顶端嫩叶正面，第三代卵大多产在叶和蕾上，第四代卵基本上全产于叶和蕾上。幼虫5~6龄，龄期多少与食料种类和环境条件有关。初孵幼虫当天不甚活动，次日转移到生长点危害，脱皮后为2龄时开始蛀食嫩蕾、花朵，蕾受害后苞叶张开，变为黄绿色，2日后脱落，被蛀食的铃也造成脱落。1头幼虫一生可危害10余个蕾、花、铃。4龄后食量剧增，危害加重。在黄河流域棉区第二、第三代发生期间正值棉花现蕾、开花和结铃的生殖生长阶段，对产量影响很大。第四代发生期间虽虫口数量多，但天敌量大，棉株已进入成铃，一般年份无须防治，大发生年份，由于发生量大仍需根据虫情进行防治。

棉铃虫的危害，受棉田生态系统综合因素的影响。成虫产卵的适宜温度为25～28℃，相对湿度在70%以上。越冬代成虫，气温高时发生早。我国棉区的气温在棉铃虫发生期间均较适合，因此湿度和雨量常是关键，降雨量大，尤其大雨、暴雨能冲刷卵粒和初孵幼虫，可显著降低卵量、卵孵化率和田间着卵株率。每代发生期，如月平均降水量100毫米左右，相对湿度70%以上则严重发生；化蛹初期如遇连续降雨，且雨量较大时，对蛹的发育、羽化有抑制作用；阴雨高温天气一过，棉田卵量可突增，并有利于卵孵化和幼虫危害。当前多熟种植面积扩大，小麦、玉米、高粱等均为棉铃虫提供了充足的食料。棉株种植密度也趋高，水肥条件也多有改善，这些对棉铃虫发生均有利，加之棉铃虫飞行能力强，更使其在不同寄主间转移危害严重。因此作物的布局及改进栽培技术，应力求减少对棉铃虫的有利影响。棉花具有较强的补偿能力，以黄河流域棉区为例，第二代棉铃虫发生危害期间，正值棉株补偿能力最强，因此防治指标大有放宽余地，而不应一见蕾铃脱落就立即施药，因这时棉花自然生理脱落率一般达60%；第三代棉铃虫发生危害期，是棉株补偿能力趋于衰退阶段，防治指标应稍严，因这时蕾铃脱落后难以补偿。棉花不同品种间对棉铃虫的抗感程度差异甚大，一般来说有蜜腺、多毛、窄卷苞叶、鸡脚叶等性状以及含棉酚、缩合单宁、倍半萜烯及杀棉铃虫素等次生物质品种，对棉铃虫均具有抗性，因此棉花品种的选择，也是影响棉花受害程度的重要因素。棉田内天敌资源丰富，多种捕食性蜘蛛、瓢虫、食虫蝽、草蛉和寄生性天敌昆虫对棉铃虫都有重要的控制作用，应加以保护利用。

3. *防治方法*　棉铃虫已成为我国主产棉区的最主要害虫，且常猖獗成灾。多年来各地区都已积累了一整套的防治经验。不同生态棉区各有其自身适用的措施，难以统一应用。归纳起来，主要有以下防治方法：

(1) 冬耕冬灌，及时中耕灭茬压低虫源基数　棉花收完后及时拔除棉柴并大力推行棉田耕翻，有条件的地方结合进行冬灌，是杀死在土下越冬蛹的有效措施，压低了第一代棉铃虫在麦田的危害。有的地区麦收后还及时中耕灭茬，这又可压低麦田转入棉田危害的虫源基数，并有利于促进套作棉苗的早发。

(2) 合理调整作物布局，选择适宜品种种植　棉花与小麦、玉米、高粱、油菜等多种作物的间作套种或进行插花种植、条带种植等，不仅可提高复种指数，有利于增殖和丰富棉田天敌资源，并能改善棉田生态环境从而减轻棉铃虫的发生危害程度。例如，麦棉套种并注意选择相适应的早熟品种，可恶化第一代和第四代棉铃虫的食料条件；前述的棉田种植玉米、高粱、油菜诱集作物，除可减轻蚜害外，还可分散棉田中棉铃虫的卵量集中，降低幼虫危害程度。棉花种植方式多样，不同生态棉区均应结合本地实际情况确定，但都力求布局合理并注意选择配套品种，推广早栽培技术，避免麦后直播夏棉或用春棉品种进行麦田晚栽晚种。

(3) 科学合理用药，正确掌握防治技术　化学防治仍然是重要的防治方法，对于棉铃虫这种能造成猖獗危害的害虫更需要科学合理用药，正确掌握防治技术，以避免在防治的同时产生不良的副作用。具体来说，要加强虫情调查，决定用药防治时，根据防治指标，采取有效技术，如选择农药品种和用量，并力求减少防治次数等。通过田间调查，掌握棉株生育状况和各代棉铃虫卵和幼虫的发生密度，在防治最适时期用药。中国农科院植物保护研究所通过在河南的研究和实践认为，掌握好棉铃虫每代第一次施药时间至关重要。

长期以来，棉田用药包括对棉铃虫的防治在内，品种甚多，由于不能科学合理地选用，棉铃虫已对不少农药产生了抗性，有的农药还对多种有效天敌具有杀伤作用。因此，在使用原有的常规品种或开发应用新的品种时，须慎加选择，轮用或混用农药也要认真对待。对于棉田用药的品种类别及应注意的问题，介绍如下。

菊酯类农药对棉蚜由于抗性的产生基本上已不用，对棉铃虫防治也应尽量少用或限用，一般对第二代棉铃虫已防效很低而不用或提高其浓度。例如，2.5%溴氰菊酯，20%杀灭菊酯为1000～1500倍液，对第三代棉铃虫限用一次。10%氯氰菊酯1000～1500防效稍优，2.5%功夫菊酯情况亦相类似，在棉区使用面积逐渐增加。2.5%天王星乳油3000倍液，对棉铃虫和棉叶螨均有较好的效果。

有机磷农药在防治棉花害虫上长期以来使用较多，占有重要地位。由于其品种多，防治对象因其毒性专一程度不同，对棉铃虫防治时要加以挑选。防效较好的有辛硫磷、水胺硫磷、甲基1605、久效磷和敌敌畏等，施用时应注意安全防护，避免发生中毒事故。其中久效磷虽属低毒，但为广谱性，对棉铃虫效果一般，在发生数量大的年份难以控制危害。辛硫磷对棉铃虫防效虽好，但药效短，施用浓度高时易对棉花产生药害。敌敌畏对棉铃虫虽也有较好的防治，同样也是持续药效短。有些棉区有用有机磷制剂100～200倍点心、抹心防治第二代棉铃虫的习惯。有的棉区将有机磷与菊酯类农药混用，认为可起到增效作用，而其成本比单用菊酯类农药还低，用毒性较高的农药与毒性较低的农药混用，也可降低和防止施药中毒。同样，残留有效成分量高的农药与残留量少的农药混用，对降低农产品中农药残留量有好处。总的说，磷药混用，如配合适当确可互补长短。目前农药市场中混配制剂很多，购买使用时应多加谨慎以防假冒伪劣品种。

对棉铃虫防治较好的复配农药有20%广杀灵，20%灭多威，21%增效氰马等乳剂1000～1500倍液，以及灭铃灵、棉铃宝、灭抗铃等，有的除防效较好外，还可针对抗性棉铃虫。昆虫脱皮抑制剂类杀虫剂如抑太保、卡死克等多为进口，价格高，施药时间要掌握在卵高峰期。这类药药效慢，但防效时间长，对初龄幼虫的毒性更

强，对天敌十分安全。

目前，在棉区还推广应用生物农药如 B. t. 乳剂（每克含 80 亿~100 亿伴晶孢子量）每公顷 3000~3750 毫升，对水稀释 200 倍于卵高峰期喷施。少数地区也可喷施棉铃虫核多角体病毒制剂，每公顷用量 600 克常规喷雾。这些农药除有一定防效外，还对天敌安全，也有利延缓抗药性产生。

使用上述农药进行防治时，施药方式也十分重要。例如第二代棉铃虫卵多产在棉株顶尖和嫩头上，因此药液集中在顶部充分喷透，或采取滴心、抹心方法以避免顶心和幼蕾受害。棉铃虫大发生年份因卵量大则应进行全棉株喷雾，喷雾时步行速度要慢。防治第三、第四代棉铃虫，因卵多产在边心上，且棉株高大，应把药液喷在群尖上，并注意四面喷透以保护幼蕾为主。喷药器械除用喷片孔径为 0.7~1 毫米的手动喷雾器外，有条件的地区最好采用机动喷雾器进行低容量喷雾或用手持式喷雾器超低量喷雾。

（4）利用趋性诱集诱杀　棉铃虫成虫对光有趋光性，可在棉田设置各种类型的灯进行诱集捕杀。以往多用黑光灯，近年来不少棉区推广应用高压汞灯，因其功率和光源强度大，光谱波长也适于棉铃虫的趋性，因而诱杀效果比黑光灯好。一般每 0.067 公顷安装 300 伏高压汞灯 1 支（其覆盖面积是黑光灯的 10 余倍）可控制 6.67 公顷棉田。灯下用大容器盛水，水面撒柴油或洗衣粉。灯附近的棉田或其他作物的农田，棉铃虫卵相对较高应注意防治。该灯大面积连片使用效果更好。棉田内外种植一些开花期与棉铃虫成虫期相吻合的作物，如玉米、高粱、胡萝卜、芹菜等作物，也可对成虫有诱集作用，既可捕杀或药杀，也能减少棉株上的着卵量。棉田地头插成束的半枯杨树枝诱蛾也是一种辅助措施。此外，利用性诱剂对成虫发生动态进行监察测报，各地均有不少经验，但将它作为防治手段大面积应用，尚在不断的研究中。

（5）选用抗虫品种　近年来我国已加强抗虫品种的选育工作，不仅积累了不少资源和选育经验，并为今后培育丰产优质和抗虫品种打下很好的基础，而且培育出一批抗虫品种，正在试种示范和推广，如中棉所30、晋棉26等。有的棉区选用种植棉花生长期与害虫产卵、取食时期不一致的品种，避开危害期，从而减轻了危害。例如选择早熟避虫的短季棉，适当迟播或选用小麦的早熟品种，这样可恶化棉铃虫第一代和第四代的食料条件，对麦棉两熟地区减轻虫害起到了良好作用。此外，基因工程棉的选育和应用也有很大发展。

## 七、棉红铃虫

棉红铃虫原多见于印度，其后随棉种而传至各地，全世界绝大多数产棉国家均有分布，现已扩展成为世界性害虫，也是植物检疫对象。它属鳞翅目，麦蛾科。以幼虫危害蕾、花、铃和种子，且能随棉籽或籽棉调运而传播，是蕾铃期重要害虫，我国南方棉区发生最为严重。

1. 分布与危害　我国棉区除新疆、甘肃尚未发现外，其他各棉区均有分布。该虫喜热不耐低温，因此南方棉区危害较北方棉区为重。其寄主植物除棉花外尚危害秋葵、洋麻、黄葵、木槿等。以幼虫蛀食棉蕾、花、铃和种子，造成蕾铃脱落，导致僵瓣、黄花和烂铃。幼虫危害时还吐丝缠连，种子受害影响发芽率和出油量。南方棉区近年危害有加重趋势，北方棉区以往主要利用自然低温，基本可控制危害，但目前分散贮花，贮花场所多在室内，冬季温度较高，因此危害有回升的趋势，值得引起重视。

2. 发生规律及主要习性　1年发生的代数，北纬18°～26°如华南棉区一般发生5代以上；北纬26°～34°如浙江、江苏、四川、湖南、湖北等省，发生3～4代；北纬34°～40°如河南、山东及河北、

陕西、甘肃大部地区发生 2 ~ 3 代，北纬 40° 以北如辽宁，只发生 2 代。

以幼虫在籽棉内越冬，并随籽棉的收运和贮存而分散到各场所。因调运而传播扩展并可在室内缝隙处结茧越冬。越冬幼虫翌年温度升到 18℃以上时开始化蛹，24 ~ 25℃羽化。卵多为散产，第一代卵多产在棉花嫩头及嫩叶、嫩芽、花蕾和嫩茎上，第二代多产在棉枝下部青铃上，第三代多产在棉株中、上部青铃上。在铃上以萼片内最多。第一代幼虫蛀食花蕾为主，第二代幼虫蛀食青铃为主，在铃壳与内壁间造成虫瘤状突起，老青铃被蛀食，壳内壁形成虫道，有的穿过铃室壁侵入棉籽，并取食纤维。非越冬老熟幼虫多在蕾铃中化蛹，部分幼虫在落叶下或地下做土室化蛹。

温湿度高有利红铃虫繁殖，生长发育的适宜温度为 20 ~ 35℃，相对湿度在 80% 以上。产卵适温为 25 ~ 28℃，取食蕾花后发育的成虫产卵量高。成虫寿命与温度成正比，越冬幼虫在 -16℃时，或有 1 个月平均温度在 -5℃时均会死亡。棉田棉株较大，田间温度增高，有利于成虫产卵，卵成活率也高，会造成严重危害。但雨量过多年份对其繁殖不利，则发生轻。红铃虫越冬基数的大小对以后各代发生数量有密切关系，因此，加强越冬防治、压低越冬基数，对控制第二、第三代发生量的作用很大。发蛾期与现蕾期吻合程度高，有利于红铃虫早期繁殖危害，且后期又因铃期出现早，而受害加重。与越冬虫源场所邻近的棉田危害较重，早期危害更明显。

3. 防治方法

（1）加强越冬防治，压低越冬基数　红铃虫越冬场所集中，越冬基数的大小对第二代以及其后各代的数量影响甚大。越冬防治做得较好的地区，第一代又由于棉花具有补偿能力，如虫口密度较低可不治，而将重点放在第二、第三代上，尤以对第二代防治更为重要。越冬防治的具体措施，北方棉区是利用自然低温杀虫，即将籽花堆放在户外或冷屋内；也有在晒场使用帘架晒花使红铃虫幼虫聚集其下，放出鸡去啄食，在晒场周围挖沟撒施农药阻隔毒杀；用麻袋覆盖在堆花上面，使幼虫爬聚其上，第二天晒花前将其扫杀；贮花棉仓内四壁上部涂缝或墙上设置纸带，收花结束后将纸带全部清除。在成虫羽化期采用80%敌敌畏乳油80倍液熏杀或用800~900倍液喷杀。也可在棉仓内释放有效天敌黑青小蜂（金小蜂）或安置3瓦黑光灯诱杀。摘除枯铃集中处理或将秸秆焚烧或沤肥。在南方棉区除进行越冬防治外，还要结合田间防治。

（2）田间药剂防治　重点防治第二、第三代，要及时掌握虫情，主要是在各代发蛾和产卵盛期施药，将卵和幼虫杀灭在蛀入花蕾和铃内之前。虫情掌握除根据田间调查进行测报外，还可采用棉田设置红铃虫性诱剂装置的诱捕器，选择不同类型棉田各一块，面积为0.067公顷即可，诱捕器下水盆内加少量洗衣粉有利统计诱集的蛾数。有的棉区根据3盆5天累计蛾量达100头以上时，即行采取防治措施。第二、第三代红铃虫发生期，棉株多已高大。发蛾始盛期到高峰期撒毒土于行间（每0.067公顷用80%敌敌畏50克加水1.5~2.5升喷雾于25千克细土上充分拌匀后撒）。近年来有些棉区，如湖北、江苏等地已试用性诱剂诱芯（微胶囊或纤维夹片）挂于田间进行迷向干扰雌、雄蛾交配，也取得了较好的防治效果。在盛卵期施药防治，对第二代红铃虫应重点将药喷在下部青铃上并兼顾上、中部花蕾，对第三代防治主要集中将药喷在中、上部青铃上，力求喷匀喷透。防治指标根据本地情况制定，一般认为第二代按当日百株卵量60~80粒，第三代按百株卵量160~200粒为宜。有的认为卵量指标应依棉田类型而有所变动，如棉株生育和长势的好坏，棉田郁闭而造成的温湿度状况以及是否邻近越冬虫源场所等，这些都会影响发生量及害虫与棉株生育期相互间的关系，从而决定防治指标的宽严程度。田间防治用药品种可参考棉铃虫并力求兼治，主要

是有机磷农药，也可用一些菊酯类农药和混配制剂等。如50%久效磷乳油、2.5%天王星乳油、44%速凯乳油1000倍液，40%氧化乐果乳油、50%辛硫磷乳油1500倍液，2.5%溴氰菊酯3000倍液以及氯氰菊酯、杀灭菊酯、菊马乳油1500~2000倍液。

（3）适时早播，合理施肥 培育壮苗，促使早发，以减轻后期红铃虫的危害。

（4）加强检疫 棉籽调运时检疫，有虫棉籽不能进入尚无该虫分布的地区即保护区。

## 八、棉 蚜

棉蚜的体型小，属同翅目，蚜虫科。以成蚜和若蚜刺吸危害。分有翅蚜和无翅蚜两种类型。一生中迁至越冬寄主植物（第一寄主）两性生殖，雌雄交配产卵越冬，在棉田（第二寄主）危害期间营孤雌生殖。

1. 分布与危害 棉蚜是世界性分布的害虫，我国各产棉区均有分布，北方棉区最严重，长江流域棉区次之。棉蚜不仅在苗期危害，蕾铃期仍能继续危害，即所谓“伏蚜”。它以棉花、瓜类为主要寄主，加上其他寄主植物百余种。越冬迁往多种草、木本植物，如紫花地丁、夏至草、木槿、花椒、石榴等。成蚜、幼蚜聚集在叶面或嫩茎上刺吸汁液，造成卷叶，使棉株生长停滞。在3片真叶前受害的棉苗，不易恢复正常生长。蕾铃期可造成蕾铃脱落，严重影响产量。棉蚜在刺吸汁液过程中，能排出大量水分和蜜露，造成病菌寄生。

2. 发生规律及主要习性 棉蚜1年发生20余代，繁殖速度快，短期内数量急剧上升。棉苗出土后，在越冬寄主上的棉蚜产生有翅蚜，迁飞进入棉田，孤雌胎生繁殖，开始呈点片发生，如不及时防治，随着虫口密度增大，食料条件不利又产生有翅蚜，在棉田内第二次迁飞扩散。其时正值棉花开始现蕾，有蚜株率可高达100%。开花前后，棉蚜继续发展，形成第三次迁飞扩散，北方棉区入伏后持续严重危害。10月中下旬后，随气温下降，棉株衰老，又第四次迁飞，回到越冬寄主植物上，胎生有翅有性雌蚜和雄蚜，交尾产卵越冬。

棉蚜繁殖适温一般为16～22℃，相对湿度为60%左右。发生期间遇降雨，常使蚜量下降，日雨量在20～30毫米以上，月降雨量100毫米左右，对棉蚜的抑制作用很显著。中雨、大雨对棉蚜有机械冲刷作用。气温27℃以上，相对湿度85%以上对其繁殖则有抑制作用，而伏蚜的适应能力较苗蚜为强。

棉株的长势、营养状况和发育阶段对棉蚜的消长和危害程度有密切影响。棉蚜在棉田内的几次迁飞扩散，正是棉株发育阶段的转化时期，苗期棉蚜由越冬寄主迁飞至棉苗危害；当棉花开始现蕾，棉蚜发生第二次迁飞扩散；棉株开花期再次迁飞，至秋末棉株吐絮则迁飞返回越冬寄主。因此，蚜情测报可根据棉株生育阶段和有翅若蚜上升的趋势，预测它的数量消长作为采取防治措施的依据。在3片真叶前遭受蚜害时恢复能力弱，3片真叶后，随着棉苗的稳长，受蚜害后具有一定的恢复能力。因此，制定棉蚜的防治指标，3叶期应严，3叶期后可放宽。棉蚜在缺氮的棉株上繁殖量低，施用氮肥过多，棉蚜数量增大，在棉田管理上，应根据不同种植密度合理施用氮肥。

不同的棉花种植方式，形成不同的棉田生态环境，对棉蚜的发生以及棉蚜的自然天敌均有重要影响。大片平作棉田，作物单一，棉蚜天敌种类和数量较少，棉蚜发生数量大，迁飞扩散空间亦大，危害较重。麦棉邻作，棉蚜进入盛发期时，正值麦株老熟即将收割阶段，麦株上的天敌如瓢虫、草蛉、蚜茧蜂等由麦田转入棉田，从

而加强了对棉蚜的控制作用。再加上麦株高于棉苗，对棉蚜的迁飞扩散起到阻隔作用。正是这个原因，麦棉套种，棉蚜危害显著减轻，如苗期管理较好，一般年份棉蚜发生期间，可不进行防治，或进行重点棉田防治。有的棉区，有棉田间作油菜、玉米或高粱，不仅可增加经济收入，且有利于麦田内天敌的转移，棉蚜危害明显减轻。

3. 防治方法

（1）棉田种植诱集作物，保护增殖天敌　棉花大小垄种植，小垄 50 厘米，大垄 86 厘米。每隔 4 ~ 5 行棉花种植 1 行诱集作物。诱集作物种于大垄内，可种油菜或玉米，也可油菜和高粱混种。油菜条播，每公顷用籽量约 1500 克，注意选择植株矮小，开花期早和较长的品种，春型和冬型品种可混合播用，高粱可不播于大垄内而播于棉花行间，穴播，穴距 2 ~ 2.5 米，每穴双株。这些诱集作物均与棉花同时播种。油菜掌握在快麦收时耕翻入土压肥。棉田内种植诱集作物，主要作用为吸引麦田天敌大量转入棉田，先在诱集作物上繁殖，待棉蚜一进入高峰，这些诱集作物上的天敌便转到棉株上，可以有效地抑制棉蚜。实践表明以棉田内同时种植油菜和高粱的效果最佳，高粱上天敌增殖后不仅对控制棉蚜有利，并且对第二、第三代棉铃虫也具有较好的控制效果。

（2）种子处理　可用 3% 呋喃丹颗粒剂拌种，药与棉籽的比例为 1 : 3，拌匀后堆闷 12 ~ 24 小时即可播种。由于棉蚜对呋喃丹产生抗性，且该药价格较贵，防治成本增高。不少棉区采用 75% 3911 乳油浸拌种子。每 100 千克干棉籽用药 1 千克。具体做法是：先将 55 ~ 60℃ 的温水 50 升放入浸种缸内与倒入的药剂混匀，最后再将棉籽倒入并充分搅拌，待药液全部吸干再将种子全部铲出堆闷。一般浸拌后 24 小时就可播种。如有条件，可用 10% 吡虫啉有效成分 50 ~ 60 克拌棉种 100 千克，不仅防效更好并可减少以后的治蚜次数。麦套棉田由于播种期较晚，用吡虫啉拌种基本即能控制危害。

(3) 严格按防治指标进行田间施药　棉蚜防治指标一般按有蚜株率、百株蚜量和卷叶株率3个指标综合考虑决定是否用药，但对棉株影响最主要的是卷叶株率。3片真叶前卷叶株率10%，3片真叶后卷叶株率20%，伏蚜发生时卷叶株率株率5%～10%。此外，还要看益害比的情况确定是否必须施药防治。苗期如瓢（虫）蚜比为1∶120；伏蚜期天敌寄生率达30%或有效天敌量与蚜虫比为1∶50～1∶80时，即使卷叶株率达到防治指标，也不用喷药防治。

由于近年来出现了棉蚜对药剂产生抗性的情况，因此施用农药喷洒需注意选择。菊酯类杀虫剂不宜用于防蚜，20%丁硫克百威乳油6000倍液不仅防效高，持效期也长，20%灭多威和35%赛丹（硫丹）乳油1500倍液也是防治棉蚜的高效药剂。有的地区为了延长药剂的残效期，还加入缓释剂如聚乙烯醇配制使用。此外，在施药方式上还可以采取点片喷雾挑治；局部性对靶施药，即用内吸性药剂滴心或涂茎。具体可用40%久效磷乳油、40%氧化乐果乳油在棉苗顶心3～5厘米高处用喷雾器喷滴1秒钟左右即可。如涂茎则在成株期把药液涂在棉茎红绿交界处，注意不必重涂，更不要环涂。滴心和涂茎既可缩小防治面积、节省用药，又可避免对天敌的杀伤。

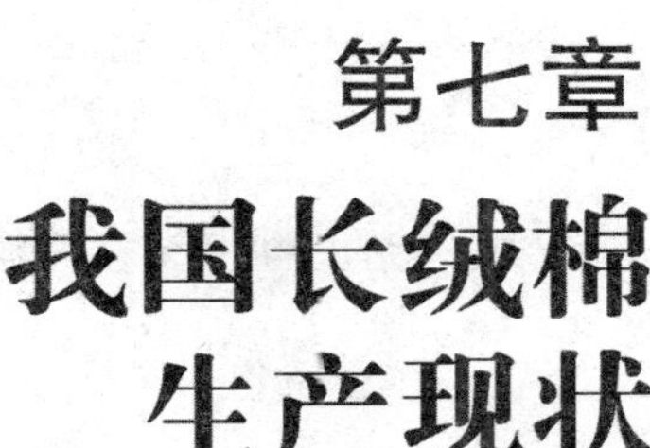

# 第七章 我国长绒棉生产现状

# 第一节 长绒棉新品种

## 一、新海 13 号

新海 13 号是由新疆生产建设兵团农一师农科所以埃及棉 A 杂交铃为父本、新海 8 号为母本杂交选育而成的。1995 年通过新疆维吾尔自治区农作物品种审定委员会审定。

### （一）特征特性

全生育期 146 天。植株呈筒型，株高 80 ~ 90 厘米，零式加有限混生株型，枝叶疏朗，通光性好；单铃重 3. 0 克，衣分 30. 0%；长势旺盛，抗逆性强，在环境条件比较差的条件下能获得较高产量，但不耐水、肥，宜出现旺长，从而造成蕾铃大量脱落，贪青晚熟。

### （二）纤维品质

该品种的突出优点是纤维品质优良，纤维主体长度 36. 5 毫米，单纤维强度 5. 1 克，纤维细度 7255 米/克，成熟系数 2. 02，断裂长度 36. 7 千米。HVl900 测定结果（ICC 标准）：2. 5 跨距长度 36. 2 毫米，纤维比强度 34. 3 厘牛顿/特克斯，马克隆值 3. 7。各项纤维物理指标可与埃及优质长绒棉相媲美。

### （三）产量表现

新疆区域试验结果，皮棉产量74.7千克/667平方米。

### （四）适宜地区及栽培技术要点

1. 适宜地区　适宜南疆长绒棉产区种植。

2. 栽培技术要点　中前期应注意氮肥用量，中后期防止受旱，轻打顶，以保证顶部产量优势。

## 二、新海14号

新海14号由新疆生产建设兵团农一师农科所以1120×44116杂交选育而成。1999年通过新疆维吾尔自治区农作物品种审定委员会审定。

### （一）特征特性

全生育期144天。植株呈筒型，株高80～90厘米；前期生长缓慢，中下部节间紧凑，上部长出长果枝，田间整齐度好；零式果枝，第一果枝节位低，结铃性强；吐絮畅，易拾花；铃重2.7克，衣分32.9%，子指12.4克，衣指6.1克，种子披灰绿色短绒，毛籽。

### （二）纤维品质

HVl900测定结果（ICC标准）：2.5%跨长37.5毫米，比强度30.1厘牛顿/特克斯，马克隆值3.8，整齐度47%，伸长率9.7%。

### （三）产量表现

1991～1993年新疆长绒棉区域试验3年平均籽棉产量258.7千

克/667 平方米，为对照的 140.3%，霜前皮棉 79.6 千克/667 平方米，为对照的 147.3%，居参试品系之首，且具有广泛的适应性与稳定性。

### (四) 抗逆性

适应性强，抗逆性较好，耐低温，较抗蚜虫，抗黄萎病。

### (五) 适宜地区及栽培技术要点

1. 适宜地区　新疆南疆和东疆长绒棉区。

2. 栽培技术要点　南疆地区 4 月上中旬播种为宜，保苗 1 万～1.2万株/667 平方米；前期以促为主，应早中耕，早定苗，早追肥，促壮苗早发；中期促控结合，实现稳长，多结蕾铃；施足基肥，重施花铃肥，生育期灌水 3～4 次，8 月 20～30 日停水；一般不进行化学调控，长势偏旺可在花期每 667 平方米用 1 克缩节胺化学调控一次；注重叶病防治，防止后期早衰。

## 三、新海 15 号

新海 15 号由新疆生产建设兵团农一师农科所于 1987 年以 1120 为母本，A 杂交铃为父本杂交选育而成。1999 年通过新疆维吾尔自治区农作物品种审定委员会审定。

### (一) 特征特性

中早熟品种，生育期 136 天左右。霜前花率 90.6% 以上；植株筒型，株高 70 厘米；零式果枝，果枝始节第三至第四节，果枝 15 台，单株平均结铃 16.8 个，单铃重 2.6 克，吐絮畅，絮洁白，衣分 33.2%，衣指 5.6 克，子指 11.3 克。

## （二）纤维品质

HVl900 测定结果（ICC 标准）：2.5%跨长 35.1 毫米，长度整齐度 44.6%，比强度 33.6 厘牛顿/特克斯，马克隆值 3.8，反射率 77%，黄度 7.8，气纱品质 2564。该品种突出特点是纤维品质好，能纺 80～120 支的高支纱。

## （三）产量表现

新疆长绒棉区域试验结果，皮棉产量 76.9 千克/667 平方米。

## （四）抗病性

高抗枯萎病。枯萎病病圃鉴定，蕾期病情指数 2.1，剖秆鉴定病情指数 2.5，均属高抗。

## （五）适宜地区及栽培技术要点

1. 适宜地区　适宜在南疆长绒棉产区种植。

2. 栽培技术要点　南疆播种期在 4 月上旬，密度 1.1 万～1.2 万株/667 平方米，施足基肥，花铃肥追施两次，以确保上部结铃优势。

## 四、新海 16 号

新海 16 号由新疆农业科学院经济作物研究所以新海 6 号为母本，与吉扎 70 复合杂交选育而成。2000 年通过新疆维吾尔自治区农作物品种审定委员会审定。

### （一）特征特性

中熟品种，生育期 141 天。生长势较强，零式分枝，株高 77 厘米，棉株中下部混生有限果枝，茎秆较硬，果枝 15 台，铃柄较长，铃长卵圆形；单铃重 3.2 克，吐絮畅，衣分 32.4%，衣指 6.0 克，子指 12.6 克。

### （二）纤维品质

农业部棉花纤维品质监督检验测试中心测定结果（HVICC 标准）：2.5%跨长 35.8 毫米，比强度 32.7 厘牛顿/特克斯，马克隆值 3.7。

### （三）产量表现

1997～1999 年新疆区域试验结果，皮棉产量 81.5 千克/667 平方米，比对照品种新海 12 号增产 21.3%，2000 年新疆农一师十二团创出每 667 平方米霜前皮棉产 134.6 千克的高产记录。

### （四）适宜地区及栽培技术要点

1. 适宜地区　适宜南疆长绒棉区种植。

2. 栽培技术要点　4月上中旬播种为宜，保苗密度1.00万~1.13万株/667平方米；播后即进行深中耕，早定苗，早追肥，促壮苗早发；生育中期的管理应坚持深沟浅水、促控结合的原则，应避免水肥齐攻。打顶时间宜在7月20~25日。生育后期适当拉大第三水和第四水的间隔时间，停水不宜过早，一般在8月25日前后。对蕾期偏旺的棉田，在头水前可适当喷施缩节胺进行调控。

## 五、新海17号

新海17号由新疆生产建设兵团农一师农科所于1991年以（新海8号×吉扎75）×（新海10号×A）进行杂交选育而成。2000年通过新疆维吾尔自治区农作物品种审定委员会审定。

### （一）特征特性

生育期133天，全生育期143天，霜前花率90%左右。植株筒型，株高95~100厘米，茎秆中等粗细，茎表茸毛稀少，花冠金黄，有深红色花心。零式果枝，主茎节间长度6~7厘米，第一果枝着生节位2~3节，果枝14~15台。子叶肾形，绿色；真叶为普通叶，绿色，裂片5片，裂口较深，叶片较大、较厚，叶茸毛一般。铃卵圆形，铃面较粗糙，有凹陷油腺点，铃嘴较尖，有铃肩，铃壳较薄，成熟前有褐斑，铃多为3室。吐絮畅而集中，含絮力适中，易采摘，絮色洁白，有丝光。种子圆锥形，黑褐色，较大，半光子。单铃重2.9~3.0克，衣分32.97%，衣指6.3克，子指12.8克。

### （二）纤维品质

农业部棉花纤维品质监督检验测试中心测定结果（HVICC 标准）：2.5%跨长 35.5 毫米，整齐度 44.4%，马克隆值 4.3，比强度 32.8 厘牛顿/特克斯，光反射率 78.7%，黄度 7.8，环纱缕强 173.7，气流纺织指标 2479.7。

### （三）产量表现

1997～1999 年新疆第七轮长绒棉区域试验 3 年结果：每 667 平方米籽棉产量为 296.1 千克，较对照新海 12 号增产 35.9%；每 667 平方米霜前皮棉产量为 89.3 千克，较对照增产 33.0%，在 10 个品种中居第一位。在 2000 年新疆长绒棉生产试验中，每 667 平方米产霜前皮棉 92.4 千克。

### （四）抗逆性

该品种耐水肥，耐瘠薄，抗叶病，不早衰，抗枯萎病、耐黄萎病。

### （五）适宜地区及栽培技术要点

1. 适宜地区　适宜南疆长绒棉区种植。

2. 栽培技术要点　一般 4 月上中旬播种，地膜栽培。每 667 平方米种植 1.0 万～1.2 万株为宜。在施肥方面，有机肥和无机肥搭配，70% 左右的氮肥、90% 以上的磷肥作为基肥深施。追肥集中在初花期使用。灌好治碱水，生育期间第一水适当推迟，做到不淹不旱，第二水、第三水要及时，8 月中旬停水。

## 六、新海18号

新海18号由新疆生产建设兵团农一师农业科学研究所以89-186为母本、88-38为父本，于1990年进行杂交选育而成。1997～1999年参加新疆第七轮长绒棉区域试验。2000年通过新疆维吾尔自治区农作物品种评定委员会审定并命名。

### （一）特征特性

生育期139天，全生育期150天，霜前花率90%。株型筒型，长势较强，株高90～100厘米。茎秆较粗，茎秆、叶背绒毛较少。零式果枝，铃柄较长，第一果枝着生节位3～5节，果枝台数15～16台，主茎节间较长。叶裂较深，叶色绿。铃长卵圆形，铃重2.93克。吐絮畅而集中，易拾花，色泽洁白。衣分31.43%，衣指5.61克，子指12.35克。

### （二）纤维品质

农业部棉花纤维品质监督检验测试中心测定结果（HVICC标准）：2.5%跨长35.0毫米，长度整齐度45.8%，比强度34.7厘牛顿/特克斯，马克隆3.7。

### （三）产量表现

1997～1999年新疆第七轮长绒棉区域试验产量结果，每667平方米籽棉产量281.9千克，为对照的129.4%，每667平方米皮棉产量为88.6千克，为对照的126.3%；每667平方米霜前皮棉产量为82.8千克，为对照的123.2%，霜前花率90%。

### (四) 抗逆性

生长势强，不早衰，较耐旱，抗叶病，抗黄萎病。

### (五) 适宜地区及栽培技术要点

1. 适宜地区　适于南疆长绒棉产区种植。

2. 栽培技术要点　最佳播期 4 月 10 ~ 15 日，播种密度 1.3 万 ~ 1.6 万株/667 平方米。本品种长势较强，应适当控制肥料用量，施足基肥，盛蕾期至初花期追肥，促进棉株在初花以前早发、稳长，防止疯长，花铃期进行叶面施肥，使结铃盛期稳长不脱肥，不早衰，不贪青。早中耕、勤中耕，早定苗，早追肥，以利壮苗早发，中期促控结合，实现稳产多结铃，7 月 15 日左右打顶，加强水肥管理，注重叶病防治，防止后期早衰。生育期灌水 3 ~ 4 次，头水 6 月中下旬，以后每隔 10 ~ 15 天灌水一次，沙滩地可适当增加灌水，8 月 20 ~ 30 日停水。本品种植株较高，对缩节胺不敏感，不易控制，应在苗期便开始化学调控，塑造理想株型，推迟封行时间，形成高光效棉田群体结构，一般全生育期每 667 平方米共喷施缩节胺 18 克左右，每 667 平方米苗期 0.5 克、蕾期 3 ~ 4 克，花铃期 4 ~ 6 克，至打顶为止，共进行 3 ~ 4 次化学调控为宜。

## 七、新海 19 号

新海 19 号由新疆农业科学院吐鲁番长绒棉研究所、新疆农业科学院经济作物研究所和中国科学院遗传与发育生物学研究所等单位合作以 8763-μ 为母本、82-6-17 为父本杂交选育而成。2002 年通过新疆维吾尔自治区农作物品种审定委员会审定。

### （一）特征特性

生育期120天左右，霜前花率95%以上。植株塔型，株高90厘米，茎秆光滑无绒毛，属Ⅰ－Ⅱ型分枝类型，果枝18～20台，第一果枝着生节位4.9；叶片大小中等；结铃性强；吐絮畅且集中，易拾花，絮色洁白。

### （二）纤维品质

HVI900测定结果（HVICC标准）：主体长度36.7毫米，整齐度46.7%，比强度39.1厘牛顿/特克斯，马克隆值4.0。

### （三）产量表现

2000～2002年连续多点试验，平均单株铃数20.2个，单铃重3.1克，衣分33.9%，平均皮棉产量88.6千克/667平方米，分别比新海5号和新海9号增产27.3%和28%。

### （四）抗病性

抗Ⅱ、Ⅲ型枯萎病，抗倒伏。

### （五）适宜地区及栽培技术要点

1. 适宜地区　适宜吐鲁番盆地棉区种植。

2. 栽培技术要点　当5厘米地温稳定通过14℃即可播种，火焰山南棉区播种适期为3月25日至4月10日，火焰山北棉区播种适期为4月1～15日。视土壤质地和肥水条件，保苗密度6000株/667平方米左右。早中耕、早定苗，头水前中耕2～3次，耕深10～15厘米。棉苗现行时定苗，3片真叶前定完。每667平方米基施农家肥1000～1500千克或棉花专用肥20～40千克；早施、重施花铃肥，开沟追施尿素 20 千克，磷酸二铵 5 千克，中后期根外追肥 3 ~ 4 次，每 667 平方米喷施尿素、磷酸二氢钾各 100 克或喷施棉花专用叶面肥。适时灌好头水是棉花丰产丰收的关键，头水见花灌水，二水紧跟，间隔时间 10 ~ 15 天。全生育期灌水，火焰山南棉区 5 ~ 6 次，火焰山北棉区 4 ~ 5 次。7 月底打顶，去掉 1 叶 1 心；8 月初摘除无效枝条，减少养分损耗，增强田间通风透光，同时进行人工除草。化学调控要掌握早、轻、勤的原则，全生育期喷缩节胺 3 ~ 4 次，视棉花长势而定，每 667 平方米分别在盛蕾期喷施 2 ~ 3 克，在初花期喷施 3 ~ 4 克，在盛花期喷施 4 ~ 5 克，要掌握好对水浓度，否则达不到预期效果。

## 八、新海 20 号

新疆农业科学院经济作物研究所以丰产性强的 86430 品系作为母本、品质较优的 88 - 346 品系作为父本于 1992 年配置杂交组合，通过连续两年的回交，经南繁北育，以及多年连续定向选育而成。2003 年通过新疆维吾尔自治区农作物品种审定委员会审定。

### （一）特征特性

属早熟零式分枝品种，生育期 130 ~ 134 天，株型呈筒型，光能利用率高，生长稳健，株高 88.5 ~ 96.7 厘米；第一果枝节位较低，平均 2.7 节，果枝数平均 14.9 台，单株平均成铃 14.01 个；叶片中等大小，呈深绿色，茎秆茸毛较多；铃长卵圆形，铃重 3.2 克，棉子近圆锥形，披浅绿色短绒，衣分 30.9% ~ 33.04%，衣指 5.51 ~ 6.28 克，子指 11.96 ~ 12.06 克；吐絮畅而集中，抗病性和丰产性好。

## （二）纤维品质

HVI900 测定结果（HVICC 标准）：2.5% 跨长为 36.9 毫米，比强度 48.6 厘牛顿/特克斯，马克隆值 4.0，整齐度 48.3%，综合气纱品质 2481，原棉可纺 120～140 支高支纱。品质优良，纤维色泽洁白。

## （三）产量表现

1998～2000 年西北内陆棉区早熟长绒棉区域试验中，每 667 平方米霜前籽棉产量 303.4 千克，较对照品种新海 14 号增产 31.9%；每 667 平方米霜前皮棉产量 97.3 千克，比对照增产 33.6%，位居参试品种第一位。2001～2002 年生产试验中，该品种每 667 平方米籽棉、皮棉、霜前皮棉产量分别为 274.4 千克、90.6 千克和 87.4 千克，分别位于 5 个参试品系的第一位、第二位和第三位。

## （四）抗病性

抗（耐）枯萎病，叶斑病发病轻，较耐水肥，适应性强。

## （五）适宜地区及栽培技术要点

1. 适宜地区　适宜于南疆库尔勒和阿克苏地区等长绒棉早熟产区种植。

2. 栽培技术要点　在 4 月上中旬播种为宜，每 667 平方米保苗 1.2 万～1.6 万株。播后即进行中耕，提早定苗、追肥，促壮苗早发。科学施肥、灌水，生育期内管理应坚持深沟浅水，促控结合的原则，以水控为主，避免大水大肥。

## 九、新海 21 号

新海 21 号由新疆生产建设兵团农一师农业科学研究所于 1993 年以（新海 8 号×吉扎 75）$F_2$×（新海 10 号×A 杂交铃）$F_2$ 杂交选育而成。2003 年通过新疆维吾尔自治区农作物品种审定委员会审定并命名。

### （一）特征特性

生育期 141 天。株型筒型，较紧凑，株高 95 厘米左右；茎秆较粗且光滑；花金黄色；零式果枝，果枝数 15 台左右；子叶肾形，真叶叶裂 5 片，裂口较深，叶片较大，叶色深绿，叶片有茸毛；铃卵圆形，铃面有明显油腺点，铃嘴较尖，多为 3 室，铃大，铃柄长，絮色洁白有丝光；种子圆锥形，较大，黑褐色，毛子，披灰绿色短绒。结铃性强，丰产性好，单铃平均重 3. 1 克，衣分 32. 1%；适应性强，产量高而稳定，吐絮畅而集中，易拾花。

### （二）纤维品质

农业部棉花纤维品质监督检测测试中心对区域试验两年多点棉样分析，2000 年测定结果（HVICC 标准）：2. 5% 跨长 36. 5 毫米，整齐度 48. 3%，比强度 33. 5 厘牛顿/特克斯，马克隆 4. 1，光反射率 73. 1%，黄度 7. 7，气流纺品质指标 2553；2001 年结果（HvICC 标准）：上半部平均长度 36. 4 毫米，整齐度 85. 8%，比强度 43. 4 厘牛顿/特克斯，马克隆 4. 2，光反射率 75. 5%，黄度 7. 6。

### （三）产量表现

2000 ~ 2001 年新疆第八轮长绒棉品种区域试验两年平均每 667

平方米霜前籽棉303.8千克，比对照新海14号增产32.0%，居第一位；每667平方米霜前皮棉96.6千克，较对照增产32.7%。一般大田皮棉单产110千克以上，高产田皮棉每667平方米产140千克左右。

### （四）抗病性鉴定

抗黄萎病，2001年新疆植保站抗病鉴定抗黄萎病，病情指数13.5；2002年鉴定耐黄萎病，病情指数30.2。不早衰，抗叶病，高抗疫霉病，不抗枯萎病。

### （五）适宜地区及栽培技术要点

1. 适宜地区　适宜阿克苏、库尔勒、喀什、和田等地无枯萎病区和轻病区种植。

2. 栽培技术要点　适时播种，一般播期4月上中旬，4月5～15日为最适播期；每667平方米种植1.5万～1.8万株，每667平方米保苗1.28万～1.4万株。施足基肥，每667平方米基施油渣80～100千克、尿素20千克和重过磷酸钙15千克。早施重施花铃肥，追肥两次，第一次头水前每667平方米施尿素8千克，磷酸二铵7千克；第二次于二水前每667平方米施尿素10千克。生育期灌水4次，第一次于6月中下旬开始，8月下旬停水，为防止后期早衰，需施足基肥。依棉田长势，适时、适量进行化学调控，株高控制在95厘米左右。

## 十、新海22号

新海22号由新疆农垦科学院棉花所于1985年以（新海5号×佩784）杂交后代优选单株为母本、77-18优选单株为父本进行复合杂

交，杂交后代经过南繁加代后，在南北疆进行定向系统选育的优良品系85A-1-14。2001~2002年参加新疆品种区域试验和生产示范。2004年由新疆维吾尔自治区农作物品种审定委员会审定并命名。

## （一）特征特性

新海22号属特早熟长绒棉品种，生育期130天左右，全生育期143天，霜前花率95%左右。植株筒型，株高85~95厘米，茎秆粗壮，茎表光滑，无油腺或稀少；花冠金黄，具有深红色花心。零式果枝，第一果枝着生节位2~3节，果枝台数14~15台；子叶肾形，绿色；真叶为普通叶，绿色，裂片4片，裂口较深，叶片较大，较厚，叶茸毛一般；铃卵圆形，铃面光滑，无凹陷油腺点，铃壳较薄，铃室3~4室，多为3室；单铃重3~3.5克，衣分33%~35%。吐絮畅、集中、含絮力适中，易拾花；絮色洁白，有丝光；种子圆锥形，浅褐色，较大，光子或端毛子。

## （二）纤维品质

农业部棉花纤维品质监督检测测试中心检测结果（HVICC标

准）：2.5%跨长35.6～37毫米，比强度33.7～37.5厘牛顿/特克斯，伸长率7.67%，马克隆值4.4，反射率74.6%，黄度为8.6，纺纱均匀性指数166.7，整齐度84.9%～86.5%。

## （三）产量表现

早熟，结铃性强，丰产性好，适应性强，产量高而稳定。2001年新疆长绒棉品种区域试验结果，每667平方米霜前籽棉产量为282.8千克，较对照新海14号增产21.4%，每667平方米霜前皮棉产量为88.6千克，较对照增产21.9%。2002年新疆长绒棉品种区域试验结果，每667平方米籽棉产量290.5千克，较对照新海15号增产6.4%，排第一位；每667平方米皮棉产量97.0千克，较对照新海15号增产4.5%，也居第一位；每667平方米霜前皮棉产量为94.5千克，霜前花率97.4%。每667平方米大田籽棉产量258～337千克。

## （四）抗病性

2001年经新疆植保站鉴定结果，抗黄萎病，病情指数15.3，耐水肥，耐瘠薄，不早衰。

## （五）适宜地区及栽培技术要点

1. 适宜地区　适宜北疆棉区的石河子、奎屯和南疆棉区等地种植。

2. 栽培技术要点　北疆棉区适宜播期为4月中旬，每667平方米保苗1.2万~1.5万株。施足基肥，每667平方米基施尿素30~35千克，重过磷酸钙15~20千克。生育期追肥两次，第一次每667平方米追施尿素8千克，磷酸二铵8千克；第二次每667平方米追施尿素10千克。沟灌地，全生育期浇水4~6次，6月下旬浇第一水，水量宜小不宜大，每667平方米浇水量一般在40~50立方米；第二水紧跟，在浇头水后10天内浇第二水，时间约在6月底至7月初，每667平方米浇水量60~70立方米；8月中下旬停水。滴灌地，全生育期浇水9~10次，6月中上旬浇第一水，8月下旬或9月上旬停水，头水和最后一水宜少浇，每667平方米每次浇水量为15~20立方米，其他各次浇水量为20~25立方米。注意防止后期脱肥、受旱。依棉田长势，适时、适量化学调控，南疆棉区对生长稳健棉田一般不进行缩节胺化学调控，但对生长偏旺棉田每667平方米可喷施4~5克缩节胺，株高控制在95厘米左右为宜；打顶宜在7月25~30日前完成。北疆棉区，应分5次调控，在苗期棉株3~4叶期，每667平方米缩节胺用量0.3~0.5克；蕾期棉株6~8叶期，一般每667平方米用量1.5~2.0克，对生长偏旺棉田，用量可增至3.0~4.0克；花铃期棉株10~12叶时，用量3.0~5.0克；打顶前后，一般加大用量至5.0~8.0克。打顶应在7月15~20日完成，株高控制在75厘米左右。

## 十一、新海23号

新海23号由新疆生产建设兵团农一师农业科学研究所于1986年以785-3为母本、G75为父本，经杂交南繁北育而成。2000~2001年参加新疆第八轮长绒棉品种区域试验，2002~2003年参加新疆生产试验。2004年经新疆维吾尔自治区农作物品种审定委员会审定并命名。

## （一）特征特性

生育期139天。植株呈筒型，长势较强，株高1.0～1.1米；茎秆较粗，茎秆、叶背绒毛较少。花冠扇形，黄色，花瓣基部有红心，苞叶心形，12～14齿；花药金黄色，柱头较长，呈乳黄色。零式果枝，下部铃柄较长，第一果枝着生节位在3～5节，果枝14～15台，主茎节间较长。子叶肾形，叶片较大，叶裂较深，叶色深绿。铃长卵圆形，铃嘴较尖，铃面深绿色，油点显著，铃壳厚度中等，多为三室铃，铃重2.9克，衣分32.2%，衣指5.6克，子指11.9克，不孕子9.2%，霜前花率90%左右。吐絮畅，较集中，絮色白，易拾花。种子黑褐色，顶端披绿色短绒，光子。生长势强，不早衰，较耐旱，耐肥水。

## （二）纤维品质

两年新疆长绒棉品种区域试验多点品质测试结果两年平均（HVICC标准）：2.5%跨长36.5毫米，比强度35.3厘牛顿/特克斯，马克隆3.9，整齐度49.1%，伸长率6.5%，反射率75.8%，黄度7.7，纺纱均匀度指标212.0。

## （三）产量表现

新疆长绒棉品种区域试验产量结果，每667平方米霜前籽棉产量286.0千克，较对照新海14号增产24.3%，每667平方米霜前皮棉产量为91.6千克，较对照增产25.7%；霜前花率90.5%。生产试验4点汇总结果：该品系表现铃大，结铃性强，每667平方米籽棉产量为269.9千克，比对照新海15号增产0.9%；每667平方米皮棉产量为88.2千克，为对照的93.9%；每667平方米霜前皮棉产量为62.9千克，增产4.5%。抗病性强，耐肥水、结铃性强，丰产性好，该品系的各项抗病性指标均优于新疆目前审定的长绒棉品种。

### （四）抗病性

经新疆植物保护站抗病鉴定试验：感枯萎病，病情指数为35.48。2001年黄萎病病情指数为17.2，抗黄萎病。2002年抗病鉴定为耐黄萎病，病情指数为35.9，抗叶病。

### （五）适宜地区及栽培技术要点

1. 适宜地区　适合南疆长绒棉产区种植。

2. 栽培技术要点　南疆棉区4月上中旬播种，播种密度1.2万株/667平方米，收获密度1.0万～1.1万株/667平方米。浇头水前追施氮肥总施量的20%～30%，其余肥料在犁地时一次性施入。生育期灌水3～4次，8月20日左右停水，注意水量不宜大，以免蕾期旺长。7月15日左右打顶，该品系可根据长势进行1～2次化学调控，分别于蕾期、花期每667平方米用缩节胺1.0～1.2克微量调控，对水30升。

## 十二、新海24号

新海24号由新疆农业科学院经济作物研究所以纤维品质特优的85-75品系作为母本、丰产性强的新海10号和新海8号品种作为多父本，于1994年配制杂交组合，通过南繁北育，选育而成。2002～2003年参加新疆长绒棉区域试验，2004年参加新疆长绒棉生产试验。2005年通过新疆维吾尔自治区农作物品种审定委员会审定并命名。

### （一）特征特性

新海24号属早熟零式分枝类型，生育期为132～136天。植株

呈筒型，株型较紧凑，生长势强而稳健，株高 82.3～94.8 厘米。果枝节间 4.2～4.8 厘米，第一果枝着生平均在 3.2 节，果枝 13.5～14.8 台。叶片中等大小，叶色深绿色，叶形呈掌状，4～5 裂叶，叶裂较深，叶面略突，茸毛较多。铃为长卵圆形，铃较大，绿色，铃面较粗糙并有明显的凹点及油腺，3～4 室，铃重 3.0～3.5 克，铃柄略短。棉子近圆锥形，披浅绿色短绒，少毛子。子指 11.0～12.6 克，衣指 5.5～6.3 克，平均单株成铃 13.5～14.8 个。衣分 30.1%～32.0%。早熟，吐絮较集中，僵瓣和僵尖极少。

## （二）纤维品质

2002～2003 年区域试验棉样经农业部棉花纤维品质监督检测测试中心测试结果（HVICC 标准）：2.5% 跨长 36.2 毫米，比强度 43.0 厘牛顿/特克斯，马克隆值 3.8，整齐度 85.8%，纺纱均匀性指数 201，纤维色泽洁白。

## （三）产量表现

2000～2001 年的品系比较试验结果，每 667 平方米霜前籽棉、霜前皮棉产量分别为 277.2 千克和 83.2 千克，分别比对照新海 14 号增产 16.9% 和 15.5%；2002～2003 年在新疆长绒棉区域试验中，每 667 平方米籽棉产量和霜前皮棉产量分别为 280.4 千克和 80.4 千克，分别较对照品种新海 15 号增产 6.5% 和 7.4%，均居第一位。2004 年在新疆长绒棉生产试验中，每 667 平方米平均籽棉、皮棉和霜前皮棉的产量分别为 281.4 千克、91.8 千克、89.8 千克，霜前皮棉产量与对照品种持平。生产试验 5 个点中有 4 个点比对照品种新海 21 号增产，其中 3 个点位居第一位，霜前皮棉产量比对照增产 2.1%～31.2%，表现出良好的适应性和丰产性。

### （四）抗病性鉴定

2004 年经新疆植物保护站抗病鉴定结果，发病高峰期属抗枯萎病型，病情指数为 4.7，同时高抗黄萎病，病情指数为 6.8。

### （五）适宜地区及栽培技术要点

1. 适宜地区　适于库尔勒、阿克苏、喀什等南疆长绒棉早熟区种植。

2. 栽培技术要点　播期在 4 月上中旬为宜，每 667 平方米保苗 1.0 万～1.5 万株。播后即进行中耕，早定苗，早追肥，促壮苗，促早发。施足基肥，重施花铃肥，增施铃肥，每 667 平方米基施磷酸二铵 20 千克、尿素 28 千克、钾肥 5～8 千克。追肥以氮肥为主，叶面喷施微肥为辅。生育期坚持深沟浅水，促控结合的原则，以水控为主，避免大水大肥。停水时间不宜过早，一般在 8 月 20～25 日。生长稳健的棉田一般不进行化学调控，对长势较旺的棉田，生育期需进行 2～3 次调控，对苗期生长偏旺的棉田在浇水前适量喷施缩节胺进行调控，打顶前看长势进行第二次化学调控。打顶期在 7 月 18～22日。

## 十三、新海 25 号

新疆生产建设兵团农一师农业科学研究所于 1995 年以 3287 为母本、90-242 为父本杂交，经连续多年选育，于 2002 年选出代号为 240 的品系。2002 年参加评比试验，2003～2004 年参加自治区第七轮长绒棉区域试验和抗性鉴定试验。2005 年通过新疆维吾尔自治区农作物品种审定委员会审定并命名。

## （一）特征特性

生育期142天。植株呈筒型，茎秆、叶背绒毛较少。零式果枝，铃柄较短，叶片较小。铃大，铃长卵圆形，铃嘴较尖，铃壳较薄，早熟性突出。吐絮畅，较集中，絮色白，易拾花。生长势稳，不早衰，较耐旱。细度适中，色泽好。单铃重3.4克，衣分33.5%，子指12.3克，品质优异，产量稳定。

## （二）纤维品质

HVICC标准：长度37.8毫米，整齐度85.9%，比强度41.6厘牛顿/特克斯，伸长率6.9%，马克隆值3.7，反射率78.3%，黄度7.5，纺纱均匀度指标207.8。

## （三）产量表现

2003～2004年新疆长绒棉品种区域试验结果，每667平方米皮棉产量为98.3千克，较对照新海21号增产0.2%；每667平方米霜前皮棉产量86.1千克，较对照增产6.9%；霜前花率90.8%。2004

年新疆长绒棉品种生产试验，每667平方米籽棉、皮棉和霜前皮棉的产量分别为308.7千克、102.8千克、95.5千克，分别为对照品种新海21号的100.1%、101.2%和106.3%。

### (四) 抗病性

2004年经新疆植物保护站统一进行抗病鉴定试验：生育期（发病高峰期）为高抗枯萎病，剖秆鉴定为抗枯萎病，病情指数为5.3；生育期（发病高峰期）为高抗黄萎病，病情指数6.6；剖秆鉴定为感黄萎病，病情指数为52.1。

### (五) 适宜地区及栽培技术要点

1. 适宜地区　适合在南疆长绒棉区种植。

2. 栽培技术要点　适期早播，在南疆长绒棉适宜种植地区4月上中旬播种，收获株数1.2万~1.67万株/667平方米。一般每667平方米基施油渣100千克或棉花专用肥50千克；浇头水前追施生育期总氮肥量的20%~30%，其余肥料一次性随犁地做基肥，滴灌棉田可随水滴施1~2次尿素，每次每667平方米用尿素5千克；生育期灌水3~4次（滴灌棉田8~10次），灌水时注意水量不宜大，少量多次，以免使蕾期旺长，造成蕾铃脱落。该品种现蕾早，应注意棉铃虫的防治；同时长势较稳，可进行化学调控时用药剂量要减小，对旺长棉田可于蕾期、花期每667平方米用缩节胺1.0~3.0克小幅调控。

# 第二节 新疆长绒棉栽培

## 一、南疆棉区长绒棉栽培

南疆棉区春季气温低、回升慢，并常出现“倒春寒”，而9月中旬以后气温下降过快，霜期来得也早，因此，大部分地区存在无霜期短、积温相对不足等不利因素，使得长绒棉的有效开花结铃期较短，南疆棉区仅为35~45天。南疆长绒棉生产应以促早栽培为中心，在地膜覆盖的基础上，采用密植和水、肥、缩节胺等综合调控措施，即“矮、密、早”高产优质栽培技术体系。主要依靠群体优势增加棉株中下部铃数和内部铃数，棉花产量结构以伏前桃和伏桃为主，尽可能减少秋桃的比例。由于不同地区的气候条件差异较大，其相应的栽培技术也有差异。

### （一）目标产量、产量结构和生育进程

南疆棉区长绒棉目标产量为每667平方米产皮棉125千克，其产量结构和生育进程见表7-1。

表 7-1 南疆棉区长绒棉 667 平方米产皮棉 125 千克产量结构及生育进程

| | | |
|---|---|---|
| 产量结构 | 收获株数（万株/667 平方米） | 1.4～1.6 |
| | 单株铃数（个/株） | 9.0～10.3 |
| | 总铃数（万个/667 平方米） | 14.4 |
| | 单铃重（克） | 2.8 |
| | 衣分率（%） | 31 |
| | 霜前花率（%） | 90～95 |
| 生育进程 | 播种期（月/日） | 4/1～4/15 |
| | 出苗期（月/日） | 4/13～4/25 |
| | 现蕾期（月/日） | 5/15～5/25 |
| | 开花期（月/日） | 6/15～6/25 |
| | 吐絮期（月/日） | 8/20～8/25 |

## （二）配套栽培技术

1. 播前准备

（1）土地选择　选择土层深厚，地势平坦，肥力中等以上，盐碱含量较低，土壤质地为壤土和轻壤土，无枯萎病和黄萎病或枯萎病和黄萎病较轻的地。要求有机质含量在 10 克/千克以上，耕层含盐量不超过 3 克/千克。长绒棉出苗快，苗期与陆地棉相比具有较强的耐盐碱性，因此，只要保苗措施得当，耕层含盐量在 4 克/千克以下时，棉株也能正常生长。

（2）秋季深翻和冬灌　秋季深翻和冬灌，可起到降低害虫越冬基数和压碱蓄墒的作用。秋耕深度应达到 22 厘米以上，耕后应及时灌水。来不及秋翻的地块，可带茬灌水蓄墒。冬灌应在土壤封冻前结束，每 667 平方米灌水量为 150 立方米左右。

（3）春灌　已冬灌地块，如墒情较好，不需再春灌，跑墒严重，墒情较差的仍需春灌，每 667 平方米灌水量 100 立方米左右。未进行冬灌的地块播前应进行春灌，每 667 平方米灌水量为 150 立方米

左右。春灌应在3月25日左右结束。

（4）种子准备　一定要注意品种的区域适应性，选择适宜当地的长绒棉品种。在南疆早熟长绒棉区可根据当地的具体情况选用新海14、18、21、23、24、25号等早熟丰产品种。确保种子质量，选用纯度98%以上、净度95%以上、发芽率85%以上、健子率80%以上的种子。种子经硫酸脱绒、机械精选，并采用包衣或杀菌剂拌种。用敌克松或多菌灵拌种，应堆闷12小时后，摊开晾干（晒种3～4天）后即可播种。

（5）施足基肥　每667平方米基施厩肥2吨或油渣100千克，重过磷酸钙或磷酸二铵20～25千克，尿素20～25千克；或在每667平方米基施厩肥2吨或油渣100千克基础上，每667平方米施用50～60千克棉花专用肥。基肥可于冬翻或春翻前均匀撒施或在犁地的同时用施肥机施用，机械深翻入土。

（6）播前整地　播前整地以“墒”字为中心。秋翻、冬灌地应在早春及时耙耱保墒，下潮地或春季缺水无法春灌的地块也应在早春及时耙耱保墒，并采用先铺膜后播种的方式以防止土壤失墒。春灌地块应根据灌水时间和土壤质地，当地表点片发白时，适墒耕翻、耙耱；春灌较晚或地下水位高的地块可适当晾墒。一般应在3月下旬至4月上旬适时对播种棉田进行翻耕和整地。整地前后要清拾地表残膜、残茬、草根和杂物工作。整地质量按“墒、平、松、碎、净、齐”六字标准要求，“墒”即土壤含水量适宜，土壤含水量要求达到14%～18%，地表干土层不超过2厘米；“平”即地平，无高包或洼坑，能达到覆膜和灌水均匀；“松”即土壤表层疏松，上虚下实；“碎”即土壤细碎，无土块；“净”即无草根、无残茬、无废膜、无杂物等，不损伤地膜；“齐”即作业到地边、地头。

（7）化学除草　对一年生禾本科和藜科杂草较多的棉田，播前翻耕后结合耙地，每667平方米使用除草剂48%氟乐灵100～150毫升或90%禾耐斯50~80毫升加水50升，均匀喷雾，要求边喷边耙耱，耙深5~8厘米，使除草剂药液与表土充分混合，以提高除草效果，并防止出现药害。

2. 播种

（1）适期早播　长绒棉铃期比陆地棉长，只有壮苗早发，才能延长有效开花结铃期，使其早开花、多结铃，获得高产。当膜下5厘米地温稳定在12~14℃时即可开始播种，膜下5厘米地温稳定通过14℃时为最佳播期，应根据这一要求适时早播。南疆长绒棉产区多数县（团场）一般年份适宜播种期为4月1~20日，最佳播期为4月5~15日，一般不宜超过4月20日，基本是终霜前播种，终霜后出苗。

（2）行株距及播种密度　目前新疆多采用两种幅宽，厚度0.008毫米的聚乙烯地膜。幅宽140~145厘米地膜，一膜四行，行、株距配置方式主要有（60厘米+32厘米）×9.5厘米和（55厘米+30厘米）×9.5厘米，播种密度1.53万~1.65万株/667平方米。幅宽200厘米地膜，一膜6行，行、株距配置方式主要有（60厘米+10厘米）×10.5厘米和（66厘米+10厘米）×9.5厘米，播种密度为1.81万~1.85万株/667平方米。

（3）铺膜和播种质量　播种时应深浅一致，播种深度一般以3厘米为宜，沙土地略深一些，可到3.0厘米，黏土地略浅一些，2.5厘米即可。点播每穴2~3粒，每667平方米种子用量4~5千克，精量播种每穴1粒，每667平方米用种量1.5~2.0千克。要求播行端直，行距准确，下种均匀，种穴不错位，无漏行漏穴现象，空穴率低于3%，铺膜平展、紧贴地面，松紧适中，压实膜边，膜边入土5~8厘米，播种行覆土均匀、严实，厚度0.5~1.0厘米；膜面干净，透光面不少于70%。

播种后注意护膜防风，应及时查膜，用细土将播种机漏盖的穴

孔封严，每隔10米用土压一条护膜带，防止大风将地膜掀起。如遇大风，要及时做查膜、压土、封孔工作。

3. 苗期、蕾期管理

南疆春季气温不稳定，苗期常有低温、降雨等天气，应及时放苗、补种和定苗，中耕松土，提高地温、破除板结，以实现全苗和壮苗早发。

（1）及时放苗、补种　长绒棉一般在播种后8～12天即可破土出苗，此时应做好查苗、放苗和补种工作。对于错位的孔穴，要及时破膜放苗，放苗时应注意将棉苗基部孔穴用土封严，同时要保持膜面干净，以免减少地膜采光面，放苗应避开中午过强阳光时段和大风天气。出苗期间，如遇下雨，雨后应及时破除播种行上的土壤硬壳，助苗出土。

每667平方米播种1.5万株左右、缺苗不超过15%的棉田，如无明显断垄，不需补种，对于缺苗面积较大，断垄较多的棉田，应在放苗的同时或放苗之后催芽补种。

（2）早定苗　由于地膜覆盖具有显著的增温效应，棉子发芽出苗快，出苗后棉苗生长也快，常造成棉苗相互拥挤，易形成高脚苗，因此，应在棉花出苗后及早定苗。定苗可从子叶展平后开始，一叶一心时结束。定苗应坚持一穴一苗，切忌留双株，并注意去弱苗、病苗，留壮苗、健苗，同时要培好“护脖土”。

（3）中耕除草　棉花生育前期中耕，有利于破除土壤板结、增强土壤通透性，提高地温，促进棉苗根系发育和地上部分生长，同时也可灭除田间杂草。一般在播后或棉田显行时进行第一次中耕，以后如遇降雨，土壤出现板结，应及时中耕，现蕾前一般中耕两次。机械中耕深度不少于15厘米，距苗行10厘米左右，要求做到表土松碎平整，不压苗、不埋苗、不铲苗，不损坏地膜，到头到边。机械中耕不到的地方可采用人工除草。

（4）叶面施肥　棉株在苗期需要的养分量虽较少，但由于此时气温偏低，棉株根系对养分的吸收能力也较低，为促进壮苗早发，早现蕾和多现蕾，可在定苗后每667平方米用磷酸二氢钾100～120克和尿素100克，对水30升进行叶面喷施，每次间隔7～10天，连喷2～3次。

4. 花铃期管理

（1）揭膜　地面灌溉的棉田，根据棉田土壤墒情和棉花长势适时揭膜。旺长棉田6月10日前要揭膜，一般棉田可拖后些，于6月中下旬头水前3～5天揭膜，要保证揭膜后及时灌水，避免发生旱情。膜下滴灌棉田可在棉花收获完毕或第二年春季犁地前揭膜。

（2）重施花铃肥　长绒棉进入花铃期以后，对养分的吸收达到高峰期，必须保证花铃期养分的充足供应。花铃期追肥以氮肥为主。

地面灌溉的棉田，6月中下旬头水前进行第一次追肥，结合开沟每667平方米追施尿素10～15千克，施肥应距苗行10～12厘米，深10～15厘米；第二水时视棉田的长势，每667平方米人工撒施尿素5～8千克，防止棉田脱肥早衰。

膜下滴灌的棉田，棉花头水时开始滴肥，前三次滴施的肥料以尿素为主，头水每667平方米随水滴尿素2千克，第二水、第三水时每667平方米滴尿素2～3千克，另加磷酸二氢钾1千克。7月5～10日棉花进入盛花期，此时棉花也已进入需肥高峰期，也是第一个蕾铃脱落的高峰期，需加大肥料的投入，每次每667平方米需分别滴施棉花滴灌专用肥和少量尿素5～6千克，或每667平方米滴施尿素4～5千克，加磷酸二氢钾1千克。长绒棉蕾铃第一次脱落高峰后20～25天出现第二个脱落高峰，时间在8月1～5日。为防止脱落、保铃增铃、提高铃重，进行最后1次滴肥，每667平方米随水滴施尿素2千克、磷酸二氢钾1千克。

（3）化学调控　棉花使用缩节胺等植物生长调节剂，可以控制

旺长，使棉株生长整齐健壮，塑造理想的株型，促进根系发育，减少蕾铃脱落，提高产量。但是，棉田使用缩节胺的时间、数量和次数，应根据棉花的长势而定。南疆长绒棉品种为零式果枝型，主要靠主茎结铃，必须让主茎保持一定的生长势，一般前期不需要化学调控，对于壮而不旺棉田，可在盛蕾开花期适量喷一次缩节胺，每667平方米用量2～3克，对水40升。对于旺长棉田，一般须喷两次，第一次在盛蕾开花期前即6月上中旬，每667平方米用缩节胺2～3克，第二次在开花期即6月下旬，每667平方米用缩节胺3～4克，对水40升。化学调控可与根外施肥相结合。喷缩节胺时须注意喷旺苗而不喷弱苗，喷高不喷低，使全田棉株整齐健壮。

（4）叶面施肥　为补充根系对养分的吸收，防止棉株早衰，减少蕾铃脱落，增加铃重，一般棉田从盛花期（7月10日前后）起，每667平方米用100～150克磷酸二氢钾+150～200克尿素，对水30～40升叶面喷施，7～10天一次，连喷2～3次。旺长棉田后期应减少或不喷施尿素，缺氮有早衰迹象的棉田，可适当增加尿素用量。

（5）棉田灌溉　地面灌溉棉田，应坚持“头水晚、二水赶，三水足，看苗看长势浇水”的原则，全生育期灌水3～5次。头水灌溉时间一般在6月15～20日前后，浇水顺序应以棉花长势和墒情而定，一般弱苗和沙土地先浇，旺苗和黏土地后浇，要求小水畦灌或细流沟灌，严格控制水量，每667平方米一般浇水量为40～50立方米，做到不串浇、不漫垄、均匀浇透；二水应紧跟头水后10～12天，浇水量根据棉花长势控制在60～70立方米。二水以后，每隔15～18天浇三水、四水，浇水量以70立方米左右为宜。最后一水的灌溉时间不宜过早，也不宜过晚，南疆棉区长绒棉适宜停水时期一般在8月25日左右，对于沙性土壤棉田可适当增加浇水次数，在8月30日至9月初停止浇水。要重视最后一次的浇水量，必须保证9月上中旬田间地表湿润。

膜下滴灌和高密度棉田，需水时间比常规沟灌有所提前。一般6月10日左右开始滴头水，对于僵苗、弱苗、晚发苗棉田头水灌溉时间可早些，对于长势较好的棉田，可推迟到6月下旬棉田见花时灌水。6月份滴水周期7～8天，每667平方米水量控制在10～15立方米，以浸润边行为宜，尽可能缩小膜上边行与中行棉苗差距，从7月初开始，加大滴水量，每次每667平方米滴水20～25立方米，滴水周期为5～7天，从8月中旬可适当减少滴水次数和滴水量，每次每667平方米滴水15～20立方米，滴水周期为10天左右。一般8月25日至9月5日停止滴水，在最后一次滴水时根据棉田情况可适当增加滴水量，以保证9月上中旬田间地表湿润。一般气候年份，全生育期滴水12～14次，每667平方米滴水总量为250立方米左右。

（6）适时打顶　南疆早熟长绒棉种植的品种以零式分枝品种为主，因此只需打顶，不需打边心、去赘芽等作业。长绒棉中期发育快，且铃期一般比陆地棉长10天，打顶时应严格遵循“时到不等枝，枝到不等时”的原则。打顶过早，棉株生长高度和果枝数不够，不利于提高单株结铃数；而打顶过迟，由于顶部生长及无效花蕾消耗养分，导致中部蕾铃脱落较重，造成棉株中空。在棉株果枝数达

到15～16台，时间在7月15日即可开始打顶，7月20日结束，个别棉田可延长到7月20～25日完成。对于高密度（1.5万株/667平方米以上）棉田，可在7月5日开始打顶，7月15日结束。打顶时摘除一叶一心，不能大把揪，不论高矮、旺苗、弱苗一次过。

5. 病虫害防治

南疆棉区危害棉花的病害主要有枯萎病和黄萎病，主要害虫有地老虎、棉蓟马、棉蚜、棉铃虫和棉叶螨等。

（1）病害防治　首先要加强保护无病区和轻病区，规范引种，种子调运要严格检疫，不使用发病棉田生产的种子和油渣，以控制枯萎病和黄萎病的扩散和蔓延；使用包衣和杀菌剂处理的种子；对于长期种植棉花的地块采用轮作倒茬，尤其是与水稻轮作，可降低枯萎病、黄萎病病菌数量；重病田选用抗病性强的品种。

（2）地老虎和棉蓟马防治　地老虎和棉蓟马是棉花苗期的主要害虫。防治的关键是种子包衣或药剂拌种，未包衣、拌种且地老虎或棉蓟马发生严重的地块，可在齐苗后喷2.5%敌杀死乳油1000～1500倍液或50%辛硫磷乳油1000倍液或50%久效磷乳油1000～1500倍液；也可用油渣拌敌百虫诱杀地老虎。

（3）棉蚜防治　当棉田蚜虫点片发生时，应坚持隐蔽用药，可选用久效磷或氧化乐果加水稀释5倍涂茎，也可每667平方米沟施呋喃丹2.5千克或铁灭克350～400克，切勿大面积喷药，棉田大面积发生棉蚜时也应谨慎用药，可采用保护带喷药形式灭蚜。

（4）棉铃虫防治　棉花进入蕾铃期后应着手棉铃虫的防治，其措施为：种植玉米诱集带，棉花播种时在棉田四周种植玉米诱集带诱集棉铃虫产卵，在玉米上集中消灭棉铃虫虫卵或人工捕捉幼虫。杨树枝把诱捕，利用棉铃虫对杨树枝把的趋向性，在棉铃虫羽化期开展杨树枝把诱蛾。灯光诱杀，利用棉铃虫成虫对黑光灯和高压汞灯的趋光性进行诱杀。化学防治，6月下旬应严密关注棉铃虫发生动态，对达到棉铃虫防治指标的棉田用赛丹进行第一次防治；间隔10天，对仍然达到防治指标的棉田，使用赛丹第二次化学防治。7月中旬，对棉田第二代棉铃虫可采用人工捕捉，减少用药，以保护天敌。

（5）棉叶螨防治　重在早期发现，查找中心源，及时用克螨特防治，控制其蔓延，结合灌溉减轻危害。棉花生育盛期，如果虫害发生程度超过防治指标时，可用久效磷1000倍液与敌敌畏800倍液混合，或用100倍液氧化乐果防治，棉叶螨发生严重时，也可用20%三氯杀螨醇或73%克螨特乳油1000倍液喷雾防治。

7月下旬至8月部分棉田发生棉叶螨，选用对天敌安全的杀螨剂为好，如喷施73%克螨特乳油1000~1500倍液，或5%尼索朗1000倍液，或20%三氯杀螨醇1500~2000倍液喷雾或涂茎，涂茎方法同棉蚜涂茎。

6. 吐絮期、收获期管理

（1）清除杂草　吐絮前应进行1次彻底的杂草清除工作，这样做既能保证拾花质量，又能减轻下茬作物的草害。一般在8月上旬进行。

（2）打老叶促早熟　对于旺长、田间郁闭的棉田，可在8月底至9月上旬打掉部分老叶，以利棉田通风透光，减少烂铃，促进早熟。对于晚熟、青铃较多棉田，可在9月中下旬第一次收花后每667平方米用乙烯利150~250克对水40升左右进行均匀喷施。吐絮良好，预期霜前花率达90%以上的棉田，用量可减少，反之用量宜加大。

（3）及时采摘　零式果枝型长绒棉棉铃直接着生在主茎上，含絮不如陆地棉强，易落絮，应及时分次采收。对于僵瓣棉、虫噬棉要单独采摘，同时严格区分霜前花和霜后花。对于采摘后的棉花应进行分晒、分存，以提高棉花的质量与等级。在采摘和装运过程中，要防止人和畜禽毛发、异性纤维混入棉花。

(4) 清除残膜　头水前未揭膜的地块，收获后要拾净棉田残膜。

## 二、东疆棉区长绒棉栽培

### (一) 目标产量、产量结构和生育进程

东疆棉区目标产量为每667平方米产皮棉100千克，产量结构及生育进程见表7-2。

### (二) 配套栽培技术

1. 播前准备

(1) 土地选择　耕层深厚，质地为壤土和轻黏土，有机质含量10克/千克以上，耕层含盐量低于3.5克/千克，无枯萎病、黄萎病或枯萎病、黄萎病较轻。

**表7-2　东疆棉区长绒棉每667平方米产皮棉100千克产量结构及生育进程**

| 项　目 | | 火焰山南 | 火焰山北 |
|---|---|---|---|
| 产量结构 | 收获株数（万株/667平方米） | 0.6～0.7 | 0.75～0.90 |
| | 单株成铃（个/株） | 16.0～18.7 | 12.5～15.0 |
| | 总铃数（万个/667平方米） | 11.2 | 11.2 |
| | 单铃重（克） | 2.8 | 2.8 |
| | 衣分率（%） | 32 | 32 |
| | 霜前花率（%） | 95 | 93 |
| 生育进程 | 播种期（月/日） | 3/25～4/10 | 4/1～4/15 |
| | 出苗期（月/日） | 4/6～4/20 | 4/12～4/25 |
| | 现蕾期（月/日） | 5/12～5/23 | 5/21～6/2 |
| | 开花期（月/日） | 6/10～6/20 | 6/20～6/30 |
| | 吐絮期（月/日） | 8/10～8/20 | 8/15～8/25 |

(2) 秋耕冬灌　秋季深耕后进行冬灌，可以改善土壤结构，压

碱蓄墒，消灭土壤中的越冬害虫。来不及秋耕的棉田也可带茬冬灌。冬灌的时间一般在“昼消夜冻”时进行，11月上旬至12月初结束，每667平方米灌水量为120立方米。冬灌过早，土壤水分蒸发损失过多，则土壤水分少，冬灌过晚，因土壤结冻影响水分渗透，还会造成早春地温上升缓慢，导致播期推迟。

（3）春灌　春灌的时间应根据播期确定，一般于3月中旬开始，结束时间火焰山以南地区在3月底前，火焰山以北地区在4月上旬。春季灌水量每667平方米不低于120立方米。已冬灌的地块，如墒情较好，不需再春灌，跑墒严重、墒情较差的仍需春灌，灌水量应适当减少，一般每667平方米灌水100立方米左右。

（4）施足基肥　每667平方米基施农家肥2吨或油渣80～100千克、尿素15千克、磷酸二铵或重过磷酸钙20～25千克、钾肥5～10千克，也可用同等有效含量的长绒棉专用肥代替上述化学肥料。基肥可在前年秋耕或当年春耕前均匀撒施或在耕地时用施肥机施用，深翻入土。

（5）播前犁地、整地并及时耙耱保墒　秋耕冬灌地块应在早春化冻后耙耱，3月15日前灌春水地块如未到播种适期而地表已发白也应先耙耱，以利保墒。黏土地应先耱后耙，避免形成3～5厘米的土块，造成播种层墒情变差，影响全苗。

上年秋季或当年春灌前未进行深耕的地块应根据土壤墒情和播种日期适时深耕，深度要求达到25厘米；上年秋季或春灌前已进行深耕的地块，应在播前再进行浅耕，以疏松播种土层，深度10～12厘米。犁地后要及时耙耱，以破碎土块，进一步平整地表，减少土壤水分蒸发。同时犁地后要及时做清除田间残膜、残茬、草根和杂物的工作。

犁地和整地质量要达到“墒、平、松、碎、净、齐”等六字标准，保证一播全苗。六字标准具体要求见第七章第二节南疆棉区长绒

棉栽培技术内容。

（6）品种选择及种子准备　根据吐鲁番盆地的生态自然条件，火焰山以南地区，包括托克逊、吐鲁番南部、鄯善县南部等地区，长绒棉主栽新海5号；火焰山以北地区，包括吐鲁番北部和鄯善县北部等地区，长绒棉主栽新海9号，示范推广新海19号。选用原种一代或二代种子。确保种子质量，选用纯度98%以上、净度95%以上、发芽率85%以上、健子率80%以上的种子。种子经硫酸脱绒、机械精选，并采用包衣或杀菌剂拌种。用敌克松或多菌灵拌种，应堆闷12小时，摊开晾干（晒种3～4天）后即可播种。

（7）化学除草　对一年生禾本科和藜科杂草较多的棉田，播前翻耕后结合耙地，每667平方米使用除草剂48%氟乐灵100～150毫升或90%禾耐斯50～80毫升加水30升，均匀喷雾，要求边喷边耙耱，耙深5～8厘米，使除草剂药液与表土充分混合，以提高除草效果，并防止出现药害。

2. 播种

（1）适时早播　当膜下5厘米地温稳定通过14℃时即可开始播种。火焰山以南地区适宜播期为3月25日至4月10日，火焰山以北地区适宜播期为4月1～15日播种。

（2）铺膜、播种及质量要求　地膜采用幅宽154厘米，厚度0.008毫米透明薄膜，每667平方米用膜量为3.7千克，铺膜、打孔、播种和覆土作业一次完成。质量要求，播种深度3厘米左右，沙土地稍深些，黏土地稍浅些。每穴播种3～4粒，每667平方米播种量为4～4.5千克。播种深度要求一致，行直，行距准确，下籽均匀，覆土深浅一致。地膜拉紧并紧贴地面，压实膜边。机播空穴率不超过1%。播后在膜上每5米压一土带，以防大风揭膜。

（3）行株距配置和密度　火焰山以南地区，棉花行距（60+35）厘米，株距17.5～20.0厘米，每667平方米播种7000～8000株，保苗6000~7000株；火焰山以北地区，棉花行距（60+35）厘米，株距14.0~16.5厘米，播种8500~10000株，保苗7500~9000株。在上述密度范围内，肥地宜稀，瘦地宜密。

3. 苗期管理

（1）护膜防风　吐鲁番盆地大风灾害频繁，4~5月年均大于8级的大风近10次。播种后要及时查膜，人工覆土压实膜边，防止大风掀膜，并用细土将漏盖的穴孔封实，以防进风揭膜。

（2）及时放苗、补种　一般在播种后8~12天棉籽即可破土出苗，在棉花显行后应及时查苗、放苗和补种。对于错位的穴孔，要及时破膜放苗，放苗时应注意将棉苗基部穴孔用土封严，同时要保持膜面干净，以免减少地膜采光面，放苗应避开中午过强阳光时段和大风天气。播种后如遇下雨，应及时破除播种行上的土壤硬壳，助苗出土。对于缺苗较多的棉田，要在齐苗后催芽补种，确保全苗。

（3）中耕松土　苗期中耕，有利于破除土壤板结，提高土壤透气性和地温，促进棉苗健壮发育，同时也可除掉田间杂草。土壤湿度较小时，可在定苗后中耕；土壤湿度大时，在棉花现行时中耕。每次雨后，如土壤出现板结，应及时中耕。苗期一般中耕2次，要求中耕深度10~12厘米，距苗行10厘米左右，做到表土松碎平整，不压苗、不埋苗、不铲苗，不损坏地膜，到头到边。机械中耕不到的地方可采用人工除草。

（4）早定苗　地膜覆盖，地温高，棉花出苗快，出苗后棉苗生长也快，同一穴孔的棉苗相互拥挤，易形成高脚苗。当10~20%棉苗出现真叶或齐苗后即可定苗，于第二片真叶展平后结束定苗。定苗应注意留壮苗，去病苗、弱苗，每穴1株、不留双株，并培好“护脖土”。

（5）叶面施肥　苗期气温低，棉株根系对养分的吸收能力也较低，为促进壮苗早发，早现蕾和多现蕾，可在定苗后每667平方米

用磷酸二氢钾100~120克和尿素100克，对水30升进行叶面喷施，每次间隔7~10天，连喷2~3次。

4. 蕾期管理

（1）中耕除草　蕾期要求中耕1~2次，深度15厘米，以疏松土壤，消灭杂草和促使棉株根系下扎。

（2）化学调控　对土壤肥力高、棉株生长偏旺的棉田，蕾期宜进行两次化学调控。第一次在现蕾期，每667平方米用缩节胺0.5~1.0克，对水20~30升，第二次在盛蕾期，每667平方米用缩节胺2~3克，对水30~40升。要避免在烈日高温下喷施，喷施后4小时内遇雨应重新喷1次。

5. 花铃期管理

（1）揭膜　根据棉田墒情和棉花长势，应于6月上中旬浇头水前揭膜，以防止地膜污染土壤。揭膜最好在傍晚进行，揭膜后要及时浇水，以免棉花受旱影响生长。

（2）追肥　花铃期以追施氮肥为主。第一次在初花期头水前结合开沟条施，每667平方米施尿素10千克左右；第二次于6月底7月初第二水前施入，每667平方米施尿素15千克左右，施肥深度10~15厘米。

（3）叶面施肥　为防止棉株早衰，减少蕾铃脱落，增加铃重，7月下旬至8月中旬，每667平方米用100~150克磷酸二氢钾+150~200克尿素，对水30~40升叶面喷施，7~10天1次，连喷2~3次。旺长棉田后期应减少或不喷施尿素，缺氮有早衰迹象的棉田，可适当增加尿素用量。

（4）灌水　吐鲁番地区长绒棉生育期较长，耗水较多，吐鲁番地区火焰山以南灌水5~6次，山北4~5次；全生育期灌溉定额，火焰山南每667平方米灌水量为600~650立方米，火焰山以北每667平方米灌水量为500立方米左右。头水是否适时适量对棉花的生长发育影响较大，应根据土壤墒情和棉株长势长相来确定灌头水的时间，吐鲁番地区火焰山以南头水一般在6月上中旬，不要晚于6月15日；火焰山以北在6月中下旬，不要晚于6月25日。底墒水不足和沙性较大的棉田，头水可适当提早，有旺长趋势的棉田可适当推迟灌头水时间。头水的灌水量不宜过大，每667平方米一般为70～80立方米。灌头水后间隔时间10～15天，要紧跟灌第二水，以后每隔15～20天灌1次水，每次每667平方米灌水量为90～100立方米。

生育后期，棉株生育机能减退，再加上气温降低，需水量减少，但棉田仍需保持一定的墒情，维持根系活力，保持棉铃继续发育，因此，应适时停止灌水。吐鲁番地区山南在9月15日前后应停止灌水，火焰山北在8月底应停止灌水。

（5）化学调控　在蕾期化学调控的基础上，于初花期每667平方米使用缩节胺3～4克，盛花期4～5克，分别对水40～50升喷施。

（6）适时打顶和整枝　火焰山南8月10～15日打顶，山北7月20～25日打顶。肥力低、密度大的棉田可适当早打顶，肥力高，密度小的棉田，可适当晚打顶。打顶时摘除1叶1心，不能大把揪，不论高矮、旺苗、弱苗1次打完。去叶枝、抹赘芽和摘除无效花蕾。为了减少棉株无效养分消耗，促进有效花蕾的发育，增强田间通风透光，8月初摘除无效枝条，8月25日前后摘除无效蕾。

6. 病虫害防治

东疆棉区危害棉花的病害主要有枯萎病和黄萎病，主要害虫有地老虎、棉蓟马、棉蚜、棉铃虫和棉叶螨等。

（1）病害防治　首先要保护无病区和轻病区，规范引种，种子调运要严格检疫，不使用发病棉田生产的种子和油渣，以控制枯萎病和黄萎病的扩散和蔓延；使用包衣和杀菌剂处理种子。对于长期种植棉花的地块采用轮作倒茬，尤其是与水稻轮作，可降低枯萎病

和黄萎病病菌数量；重病田选用抗病性强的品种。

（2）地老虎和棉蓟马防治　地老虎和棉蓟马是棉花苗期的主要害虫。防治的关键是种子包衣或药剂拌种，未包衣、拌种且地老虎和棉蓟马发生严重的地块，可在齐苗后喷施2.5%敌杀死乳油1000～1500倍液，或50%辛硫磷乳油1000倍液，或50%久效磷乳油1000～1500倍液；也可用油渣拌敌百虫诱杀地老虎。

（3）棉蚜防治　加强田间虫情调查，采取隐蔽用药和点片防治方法，每667平方米可沟施呋喃丹2.5千克或铁灭克350～400克，或用氧化乐果或久效磷1000～2000倍液点片喷施，也可用氧化乐果5～10倍液涂茎，或久效磷40倍液滴心，尽可能不要大面积喷药。

（4）棉铃虫防治　秋翻冬灌，铲埂除蛹，降低棉铃虫越冬虫口基数；棉田四周种植玉米诱集带和摆放杨树枝把，并对诱集带定期喷药，杀灭成虫及幼虫；利用棉铃虫成虫对黑光灯和高压汞灯的趋光性，进行诱杀；当棉田棉铃虫达到防治指标时可用赛丹或Bt生物制剂进行化学和生物防治。

（5）棉叶螨防治　重在早期发现，查找中心虫源，及时用克螨特防治，控制其蔓延，结合灌溉减轻危害。棉花生育盛期，如果虫害发生程度超过防治指标时，可用久效磷1000倍液与敌敌畏800倍液混合，或用氧化乐果1000倍液防治。在红蜘蛛发生严重时，也可用20%三氯杀螨醇1000倍液或73%克螨特乳油1000倍液喷雾防治。

7. 吐絮期管理

（1）清除杂草　吐絮期要彻底清除田间杂草，以保证拾花质量，减轻下茬作物的草害。

（2）打老叶促早熟　对于旺长、田间郁闭的棉田，可在初絮期打掉部分老叶，以利棉田通风透光，减少烂铃，促进早熟。对于晚熟、棉田青铃较多棉田，可在第1次收花后每667平方米使用乙烯利150～250克对水40升均匀喷雾。吐絮良好预期霜前花率达90%

以上的棉田，用量可减少或不用，反之用量应适当加大。

（3）及时采摘　棉铃充分开裂后应及时收获，一般单株下部吐絮2~3铃时进行第1次采收，以后根据温度变化每10~15天收1次。对于僵瓣棉、虫噬棉要单独采摘，同时严格区分霜前花和霜后花。对于采摘后的棉花应进行分晒、分存，以提高棉花的质量与等级。在采摘和装运过程中，要防止人和畜禽毛发、异性纤维混入棉花。

（4）清除残膜　头水前未揭膜的棉田，收获后至秋翻前要拾净残膜，集中处理，以免污染土壤，影响下茬作物。

# 第八章

# 我国有机棉栽培及前景展望

## 第一节 有机棉发展概况

### 一、有机棉与常规棉的不同

有机棉与其他概念的棉花，如常规棉花、无公害棉花、绿色棉花之间存在明显的区别，主要包括：

#### （一）生产标准更严格

有机棉在生产和加工过程中绝对禁止使用农药、化肥、激素等人工合成物质和基因工程技术，而其他棉花则允许使用或有限制地使用这些物质和技术。因此，有机棉的生产比其他棉花难得多，需要建立全新的生产体系，发展替代常规农业生产的技术和方法。

#### （二）质量控制和跟踪审查体系更严格

跟踪审查系统是有机棉认证不可缺少的组成部分，有机棉生产必须建立完善的质量控制和跟踪审查体系，并保存所有记录，以便能够对整个生产过程进行跟踪审查。

#### （三）产棉基地证书审查严格

有机棉生产基地要经过2~3年有机转换期才能获得认证，有机

棉证书有效期一年，每年必须接受现场检查，确定是否能继续获得认证。

## 二、有机棉发展现状

有机棉生产是有机农业的一部分。有机农业的概念起始于20世纪20年代的德国和瑞士，这在当时是对应刚刚起步的石油农业而产生的一种生态和环境保护理念。20世纪40～50年代是发达国家石油农业高速发展的年代，由此带来的环境污染和对人体健康的影响也日趋严重，因此，就有一部分先驱者开始了有机农业的实践。世界

上最早的有机农场是由美国的罗代尔先生于20世纪40年代建立的“罗代尔农场”。随着现代石油农业对环境、生态和人类健康影响的日益加剧，发达国家纷纷于20世纪60年代和70年代自发建立有机农场，有机食品市场也初步形成。1972年，全球性非政府组织——国际有机农业运动联合会（IFOAM）就是在这样的形势下在欧洲成

立的，它的成立是有机农业运动发展的里程碑。80 年代有机农业在欧盟、美、日、澳大利亚等国家或地区迅速发展，并形成全球运动；90 年代后由于有机产品高速增长，促进了有机农业的更快发展。根据德国生态与农业基金会提供的统计数据，2002 年，世界经过认证的有机农场达到 46.3 万个，有机农业土地面积达到 2407 万公顷，其中有机农业耕地面积占世界有机农业土地总面积的近 50%，近 10 年，有机农产品和有机食品年增长率在 25% ~30%，目前正在逐渐进入一个平稳发展的阶段。据有关机构预测，今后几年全球有机农业的平均发展速度在 15% 左右。根据世界贸易组织国际贸易中心估测，2000 年有机农产品和有机食品贸易额为 160 亿美元，2005 年为 300 亿美元；预测今后 10 年全球有机产品销售额将从目前的每年 300 亿美元增长至每年 1000 亿美元。

## 第二节 有机棉生产栽培技术

我国 3 大主产棉区中新疆棉区是种植有机棉最适宜的地区，而黄淮海、长江中下游两大棉区目前发展有机棉有一定的困难。本节将针对新疆棉区的生态条件介绍有机棉生产技术。

## 一、有机棉土壤培肥

有机棉种植的过程中主要通过种植绿肥和豆科作物、采用合适的轮作、施用动植物肥料和天然矿物质来保持土壤肥力。

1. 新垦地培肥　新垦土地第一季种植油葵或草木犀、苜蓿等绿肥作物，播前每667平方米基施经堆制处理的棉籽粕或畜禽粪肥300~400千克，当年秋季或第二年春季棉花播种前翻入土壤，以熟化和培肥土壤。

2. 秸秆还田　棉花收获后，秸秆于犁地时粉碎并翻入土壤。

3. 作物轮作　棉花与草木犀或苜蓿等豆科绿肥作物套（轮）作。每年6~7月份灌水前在棉田套种草木犀或苜蓿，棉花收获后草木犀或苜蓿越冬，第二年春季棉花播种前翻入土壤。

4. 多施有机肥　施用经堆制处理的棉籽粕或畜禽粪肥等有机肥。棉花播前每667平方米基施棉籽粕300千克左右，或牛羊鸡粪肥500千克以上。另外，每667平方米备用100千克左右棉籽粕（堆制腐熟），在棉田灌第一水前开沟追施。

## 二、有机棉生长调控

在有机棉生产中禁止使用缩节胺等化学合成的植物生长调节剂，应主要通过采用合理的密度、合理灌溉和人工进行生长调控。

1. 合理密植　新垦荒地，由于肥力瘠薄，棉株生长矮小，应主要依靠群体提高产量，每667平方米种植1.5万株以上；第二年，每667平方米种植1.2万株左右，达到中等肥力时，每667平方米种植量为0.8万~1万株。

2. 灌水调控　适当推迟棉田第一水的灌溉时间，防止蕾期生长过旺，以后各次灌水也应适期适量，以控制棉株的营养生长速度，防止棉株旺长而造成田间荫蔽。

3. 去叶枝，适当早打顶、打边心　在棉花现蕾后，及时去除叶枝。有机棉由于禁止使用缩节胺等生长调节剂，棉株营养生长较快，为控制株高和果枝长度，减少田间荫蔽，应适当早打顶、去边心，留果枝8~9台，每果枝留果节1~2个。

# 第九章

# 我国彩色棉栽培及前景展望

# 第一节 我国天然彩色棉的发展现状

## 一、天然彩色棉的含义及特点

在人们的印象中，棉花一直都是纯白的，其实，自古以来自然界中就有彩色棉花的存在。这种棉花的色彩是一种自然属性，可以自然地遗传给下一代。天然彩色棉作为一种在棉花吐絮时纤维就具有天然色彩的新型纺织原料，具有许多不为人知的优点。

与传统的棉制品相比，彩棉亲和皮肤，对皮肤无刺激，符合环保及人体健康要求；抗静电，彩棉棉纤的回潮率相对更高，不起静电，不起球，穿着更舒适；透汗性好，彩棉可以迅速吸附人体运动

产生的汗水，使体温迅速恢复正常，真正达到透气、吸汗效果。

近代以来，随着对天然彩色棉认识的加深和植棉技术的发展，天然彩色棉制品工业迅速发展。天然彩色棉制品在纺织过程中减少印染工序，不仅有利于人体健康，更迎合了新时期社会“绿色革命”口号，减少了工业生产对环境的破坏和污染，真正做到了绿色生产，无污染排放。这也巩固了我国纺织品出口大国的地位，打破了国际“绿色贸易壁垒”对我国工业发展的限制。我国彩棉工业在产品开发上充分利用了彩色棉的环保特性和天然色泽，迎合了现代人对生活的品味需求。彩色棉的生产过程未经任何化学处理，某些纱线、面料品种上还保留有一些棉籽壳，充分体现了回归自然的潮流趋向。而且彩棉制品色泽自然、柔和、典雅，风格上以休闲为主，庄重大方又不失轻松自然。家纺类形象则体现温馨舒适的同时又给人返璞归真的感受。

## 二、天然彩色棉发展现状

经过十多年的努力，我国已成为仅次于美国的世界上第二个天然彩色棉研究、生产与开发应用大国。

我国开展天然彩色棉研究的单位有十多个，主要有中国农业科学院棉花研究所、中国彩棉科技股份有限公司、中国科学院遗传研究所及四川、湖南、浙江、甘肃、安徽、山西等一些省级棉花研究所，目前这些科研机构已有棕色、绿色天然彩色棉品种十几个通过国家或省、自治区审定，并已选育出大量的彩色棉新品系或中间材料，如中国农业科学院棉花研究所培育的棕絮 1 号、中棉所 51 号，湖南省棉花科学研究所培育的湘彩棉 1 号、湘彩棉 2 号，湖北省农业科学院经济作物研究所的新品系棕 75 和彩色杂交棉彩 A–98，浙江省农业科学院作物研究所的浙彩棉 1 号、浙彩棉 2 号，四川省农业科学院棉花研究所的彩色杂交棉品种川选 3 号、川选 4 号，四川金天生态彩色棉有限公司的川彩棉 1 号、川彩棉 2 号，中国彩棉（集团）股份有限公司培育的新彩棉 1 号至新彩棉 7 号和新彩棉 9 号，甘肃省农业科学院棉花研究所的陇绿 1 号、陇绿 2 号和陇棕 1 号，山西省农业科学院棉花研究所培育的运彩 N8283 等。我国培育的部分彩色棉新品种（系）其丰产性、生产性品质（如衣分率、抗逆性、抗病和抗虫性等）和纤维品质（如纤维长度、强度和马克隆值等）都已超过了美国的彩色棉品种，处于国际领先地位，尤其是彩色杂交棉和棕色长绒棉。

我国彩色棉规模化生产起始于 20 世纪 90 年代中期，但直到 2000 年全国种植面积才达到 800 公顷，皮棉总产 0.06 万吨；2001 年发展较快，面积和皮棉总产分别达到 5100 公顷和 0.45 万吨；2002 年和 2003 年是我国种植彩色棉最多的两个年份，面积分别为 1.47 万公顷和 1.73 万公顷，皮棉总产量分别为 1.52 万吨和 2.10 万吨；2004～2006 年彩色棉种植面积在 0.8 万～1 万公顷之间，皮棉总产 1.0 万吨以上。近几年，我国的彩色棉种植面积以新疆棉区最大，占全国的 90% 以上，其中主要分布在北疆石河子农八师；甘肃省是我国种植彩色棉的第二大省，2006 年种植面积 1067 公顷，集中在敦煌市，多数为绿色彩色棉。由于我国许多棉花科研单位已培育出了适合各自生态区的彩色棉品种，随着彩色棉市场需求的进一步扩大，多数棉区均可根据当地的生态条件选择适宜种植的彩色棉品种。

九采罗彩棉有限公司是我国彩色棉行业的先驱，20 世纪 90 年代中后期与多家棉花科研单位合作先后在北京、河南、四川、甘肃、辽宁、新疆、海南成立了多家分公司，形成了第一个彩色棉产业化组织。中国彩棉（集团）公司在起步时以彩色棉生产为主，经过多年的发展，逐步形成了科研、育种、种植、收购、加工、销售和产品开发、生产、销售一条完整的产业链，拥有 50 多万人的彩色棉产业大军，打造出中国彩色棉行业第一品牌——“天彩”。2004 年，随着我国彩色棉业的发展，又出现了“顶呱呱”、“朵彩”、“帕兰朵”、“北极新秀”、“南极人”等一大批品牌彩色棉产品，一些专业生产保暖内衣的厂家，都调转船头，大声吆喝回归自然的“彩色棉”，纷纷推出彩色棉产品，彩色棉成了众多内衣厂家用来拉动市场的法宝，内衣终于迎来“中国内衣彩色棉年”。2005 年是中国彩色棉行业快速发展的一年，众多企业、众多品牌如雨后春笋，多数生产内衣的厂家纷纷推出彩色棉内衣，共同把彩色棉市场炒得风生水起，使我国彩色棉迎来了“盛世年”，似乎一步就跨越了其他行业艰难而漫长的行业启动期，进入了行业发展期的快车道。总之，近几年，我国天然彩色棉花产业作为纺织行业中迅速崛起的新兴产业，为我国棉花种植业和纺织服装业参与国际竞争创造出了一条新路。

## 第二节 天然彩色棉的类型

### 一、川彩棉 1 号

#### （一）基本特点

川彩棉 1 号是由四川金天生态彩色棉有限公司培育出来的。他们于 1999 年选系母本棕桑棉 215，引进父本川农大棕桑棉种 YS-2，杂交后栽培选育而成。川彩棉1号叶绿色，较紧凑，植株塔形，生长稳健，株高80.7厘米，中等大，铃卵圆，生育期137天，纤维棕色，吐絮畅，色素稳定一致，结铃性强，衣分37.9%，衣指6.1g。麦克隆值5.15，2.5%比强度27.39厘牛顿/特克斯，跨长26.26毫米。比较耐黄萎病，抗枯萎病，一般平均每667平方米产皮棉73.93千克，籽棉198.75千克。这种棉花的种植地区以四川为宜，适合企业大规模生产。

### （二）栽培要点

1. 适播期　最适宜的播种时间是3月下旬到4月上旬，每667平方米用种量1.2～1.5千克。采用育苗移栽的栽培方式。

2. 播种密度　每667平方米的台地3500～4000株，坡地4000～4500株，坝地3000～3200株。

3. 适时培肥　早施追肥，氮、磷、钾配合施，重施有机肥。

4. 合理种植　应与白棉隔离种植。

## 二、川彩棉2号

### （一）基本特点

川彩棉2号是四川金天生态彩色棉有限公司经F2至F6代定向系统选育而成的棉花新品种。植株塔形，较松散，叶绿色，中等大小，生长稳健。株高88厘米，吐絮畅，结铃性强、单株结铃18.5个，中等大小，铃卵圆，色素稳定一致，纤维绿色。种子颜色深绿，生育期138天，衣分29.4%，衣指4.0克，籽指10.3克。跨长27.8毫米，麦克隆值2.7，比强度23.94厘牛顿/特克斯。田间耐黄萎病，抗枯萎病。一般平均亩产皮棉67.54千克，籽棉235.17千克，适宜

在四川地区种植。

### （二）栽培要点

1. 播种　播种一般在3月下旬到4月或5月，用“双膜”覆盖方格育苗，每667平方米播种1.2～1.5千克。

2. 规范种植　地覆规范化种植，每667平方米的种植密度约3000～4000株。

3. 适时施肥　底肥要重施，见花肥要早施重施，保桃肥要适时追施。其他肥适时施用。

4. 病虫害防治　定期做好棉铃虫、棉红蜘蛛等害虫的防治工作。

## 三、川彩棉3号

### （一）基本特点

川彩棉3号是四川省农业科学院选育的新品种，是用自育抗虫丰产品系HB与自育棕色纤维的B24的母本，杂交获得的抗虫棕色品系。植株塔型，叶片中等大，健壮。结铃性较强，单株平均结铃16个，单铃籽棉重5.0克，铃卵圆，纤维色泽为棕色，吐絮畅，稳定一致。耐黄萎病，抗枯萎病和红铃虫，抗棉铃虫。生育期130天。

标准纤维上半部平均长度28.45毫米，麦克隆值4.2。比强度29.05厘牛顿/特克斯。一般平均亩产好花皮棉54.59千克，籽棉210.55千克，皮棉65.48千克。适合在四川地区种植。

### （二）栽培要点

1. 播期　适宜播期为3月下旬至4月中旬。

2. 密度　每667平方米的种植密度为2500～3000株。

3. 施肥　底肥施足，花铃肥早施重施，盖顶肥和叶面肥巧施，钾肥要特别增施。

4. 田间管理　根据棉田的生长情况，及时进行化学调控，化学调控要注意前期轻，后期重，每次少量，多次进行。适时进行锄草、去除叶枝，打顶、去旁尖。

5. 病虫害防治　加强生育期的田间管理，特别要重点防治盲蝽、红蜘蛛、蚜虫等害虫。

## 四、川彩棉4号

### （一）基本特点

川彩棉4号是由四川省农业科学院经济作物育种栽培研究所采用抗虫性鉴定、人工病圃抗病性、生化标记等鉴定选择获得的抗虫绿色品系。植株健壮塔形、较高大，叶片中等大。单株平均结铃16.5个，铃卵圆较小，结铃性较强，纤维色泽为绿色，稳定一致吐絮畅，耐黄萎病，抗枯萎病，高抗红铃虫，抗棉铃虫。生育期130天，黄萎病病指32.21，枯萎病病指9.78，红铃虫子害率比对照减少76.54%，蕾铃被害率对照减少82.25%，经测定，HVICC标准纤维上半部平均长度28.9毫米，麦克隆值2.8。比强度27.9厘牛顿/特克斯，一般平均亩产好花皮棉40.65千克，皮棉44.75千克，籽棉165.2千克。适宜四川等相似棉区种植。

### （三）栽培要点

1. 播期　适宜播期是3月下旬至4月中旬。

2. 密度　平均每667平方米种植约2500～3000株。

3. 施肥　盖顶肥和叶面肥巧施，底肥施足，花铃肥早施、重施，

钾肥要特别增施。

4. 田间管理　根据棉田的生长情况，及时进行化学调控，化学调控要注意前期轻，后期重，每次少量，多次进行。适时进行锄草、去除叶枝、打顶、去旁尖。

5. 病虫害防治　加强生育期的田间管理，特别要重点防治盲蝽、红蜘蛛、蚜虫等害虫。

## 五、新彩棉 13 号

### （一）基本特点

新彩棉 13 号是 2001 年新疆石河子棉花研究所研究的成果。他们以母本自育特抗病高产、早熟深棕絮品系石彩 1，父本优质美棉 8073 选系杂交选育而成。植株塔型，株型较紧凑。Ⅱ式果枝，普通叶型，叶色深绿，叶片中等大小，茎秆粗壮，絮棕色。棉铃呈卵圆形，出苗整齐，霜前花率 95.4%。苗期、花铃期长势稳健，絮力适中，吐絮畅、集中。黄萎病病指 45.5，枯萎病病指 7.8，生育期 139 天，纤维品质较好，整齐度指数 83.8%，比强度 27.62 厘牛顿/特克斯，上半部平均长度 28.89 毫米马克隆值 4.6。伸长率 6.77%，一般平均每 667 平方米产皮棉、籽棉、霜前皮棉分别为 113.9 千克、293.8 千克、108.5 千克。适合在早熟的南北疆棉区种植。

### （二）栽培要点

1. 播期　一般在 4 月 10～20 日播种。

2. 密度　留苗均匀，杜绝双苗，平均每 667 平方米留苗 1.4 万～1.5 万株。

# 六、新彩棉14号

## （一）基本特点

新彩棉14号是由新疆农科所选育而成的，他们按照棉花育种的常规技术，用棕2-63中分离出的变异单株再进行定向选育而成。植株筒形，叶色深绿，叶片中等大小；茎秆粗壮，田间通透性好；生育期内生长势较强，后期不早衰，植株结铃性突出，铃卵圆形偏尖，中等大小，絮色棕色空果枝数少，吐絮畅，易采摘。生育期130天左右，纤维整齐度84.0%，绒长28.0毫米，比强度28.3厘牛顿/特克斯，伸长率6.78%，麦克隆值3.88，反射率78.82%，纺纱均匀性指数140，黄度7.1 3，感黄萎，高抗枯萎病。一般平均每667平方米产皮棉111.6千克，霜前皮棉106千克，籽棉量292.6千克，霜前花率95.38%。适宜新疆等早、中熟棉区种植。

## （二）栽培特点

1. 播前准备　施足基肥，施肥时一般把化肥和有机肥料一起施用。一般每公顷磷酸二铵375千克，油渣750千克，尿素300千克，为了保证种子的发芽和正常生长一般在播种前要进行土壤封闭用药，具体使用量是每667平方米1200～1500克氟乐灵。

2. 适期早播　正常的播种时间是4月10～20日，也可以根据当时的具体情况进行适时早播。

3. 合理密植　由于品种特性，不可以进行过度密植，以免影响种植质量，一般控制在每公顷收获株数19.5万～21万株为宜。

4. 化控措施　化控措施的使用要适时进行，一般早期可以不进行，而在中晚期必须进行。化控一般使用缩节胺，每公顷1.5～7.5

克之间，2～3 克叶期开始化控，3～4 片叶化控一次，后期注意化控与打顶相结合，做到“枝到不等时，时到不等枝”。单株结铃 7 个左右时要注意控制棉田的长势，防止棉花早熟。

5. 肥水运筹　棉花生长期内要重施基肥与花铃肥，苗期要以喷施叶面肥为主，稳施蕾肥，后期则要注意补施防早衰。每公顷的施肥总量控制在 2100～2250 千克，棉花的全部生育期要灌溉 8 次，配合棉田的施肥进行，满足棉田生长对水肥的合理要求。

6. 病虫害防治　病虫害的防治要采取以防为主，防治结合的办法，注意病害高发期的重点防治，同时，要采用化学防治与生物防治相结合的办法，降低病虫害的发生。

## 七、新彩棉 15 号

### （一）基本特点

新彩棉 15 号是由新疆兵团农一师经过多年的配种杂交选育而成的彩棉新品种，2009 年 3 月通过了新疆农作物品种审定委员会的审定而正式命名。植株呈筒形，株高 65.45 厘米，茎色绿色，后转为红褐色，霜前花率 92.17%。叶背、茎秆绒毛较少，心脏形苞叶，第一果枝着生节位 5.2 节。绿色肾形子叶，中上部叶 3～5 裂，下部 3～4片叶为心形，叶片中等偏大，叶色深绿。叶裂较深，铃圆锥形，铃嘴尖，吐絮较集中。棕色毛籽种子黑褐色，棉种的发育较快，优势明显。生育期感枯黄萎病。生育期 132 天，棉花纤维长度约 29.96 毫米，伸长率 6.37%，比强度 27.94 厘牛顿/特克斯，整齐度指数 84.97，马克隆值 3.9。

### （二）栽培特点

1. 适宜地区　新疆棉区。

2. 播期和密度　适宜在4月中旬，采用地膜种植，播种密度约在1.5万~1.6万株/667平方米。

3. 施肥　基肥每667平方米施三料15~20千克，尿素15~18千克、油渣80千克左右、钾肥10千克或棉花专用肥50千克。采用滴灌的棉田也可以每667平方米每次施用尿素4~5千克。

4. 灌水　棉花的生长期都要进行灌溉，共需灌水6~8次，最后灌水日期不晚于9月5日，可以依据棉花的生长情况适时灌溉，8月20~25日停水。

5. 化学调控　生育前期要注意培育壮苗，主要以控为主，中期要控促结合。大约到7月10日就可以棉田打顶。

## 八、中棉所81

### （一）基本特点

该品种是由中国农业科学院棉花研究所选育的中熟转基因常规深棕色彩色棉优质新品种。植株塔型，株型较松散，株高130厘米，果枝斜向上、较长，叶色较深，叶片中等大小，茎秆较坚硬。少毛，生育期128天，早熟性好，单株结铃性较强，铃卵圆形，有铃尖。单铃重4.9克。深棕色纤维。HVICC（标准）纤维上半部平均长度29.9毫米，断裂伸长率7.1%，马克隆值4.2，断裂比强度27.8厘牛顿/特克斯，黄色深度8.2，反射率72.5%，纺纱均匀性指数138。

整齐度指数84.1%，抗棉铃虫。抗枯萎病，耐黄萎病，皮棉每

667平方米产量为95.2千克。适宜在湖南省进行种植。

### （二）栽培技术

1. 播种　黄河流域棉区5月20～25日进行行间播种，播种后及时灌溉，注意肥水结合，播种深度控制在2～3厘米。

2. 栽培密度　栽培密度一般为每667平方米5000～7000株。

3. 合理施肥　施足基肥，中等地力棉田每667平方米施磷肥30千克，尿素10千克，钾肥22千克，饼肥30～40千克，初花期每667平方米追施尿素15～25千克，苗期每667平方米追施尿素5.0～7.5千克，要注意肥水结合，以取得更好的疗效。

4. 化学调控　初花期至花铃期要注意施药，喷施缩节胺2～3次，每次每667平方米原粉用量0.5～2.5克。

5. 虫害防治　一到四代棉铃虫不需要进行防治，在虫害严重的年份可以适时喷药1～2次；但是对于盲蝽蟓、红蜘蛛、棉蓟马、棉蚜、隆背花芯甲等害虫却要及时进行防治，防治虫害扩散。

6. 抗病性　本品抗枯萎病和黄萎病不好，不宜在此病的重病区种植。

## 九、中棉所82

### （一）基本特点

该种是由中国农业科学院棉花研究所选育的中熟转基因常规绿色彩色棉品种。植株塔型，株型较紧凑，株高125厘米，果枝斜向上，叶色较深。叶片中等大小，茎秆坚硬少毛。早熟性较好，铃卵圆形，单铃重5.3克，单株结铃性较强。生育期126天。衣分42.4%，不孕籽率6.9%，霜前花率94.9%；抗棉铃虫，耐黄萎病，耐枯萎病。纤维深绿色，纤维整齐度48.2%，伸长率6.7%，反射率73.4%，比强度21.4厘牛顿/特克斯，5%跨长28.8毫米，黄度7.9，麦克隆值5.1，一般平均每667平方米产皮棉75.3千克。适宜在湖南棉区种植。

### （二）栽培技术

1. 播种　4月中下旬采用营养钵育苗或地膜覆盖，每667平方米种植作物2200～2500株。

2. 合理施肥　底肥施足，花铃肥重施，后期适时追施叶面肥，不要忽视钾肥的施用。

3. 化学调控　生长调节剂的使用要少量多次，少量施用为宜。

4. 虫害防治　注重三代、四代棉铃虫的防治。

5. 田间管理　及时进行整枝，摘除下部早蕾，防止烂铃。

## 第三节　我国黄河流域彩色棉栽培

### 一、华北平原一熟制彩色棉栽培技术

华北平原亚区包括河北省大部、山东全省及河南省的北部地区。本区一熟棉田主要分布在河北省黑龙港地区、山东省的西北地区和滨海盐碱地及河南北部地区。

## （一）目标产量、产量结构及生育进程

1. 目标产量　棕色棉每667平方米产皮棉80千克，霜前花率85%以上。

2. 产量结构　中等地力棉田，每667平方米种植密度3500~4000株，果枝数13~14台，单株成铃14.5~16.6个，每667平方米成铃数5.8万个以上，平均铃重4.3克，衣分31%~33%。要求三桃（伏前桃、伏桃、秋桃，下同）齐结，以伏前桃为基础，伏桃为主体，秋桃为补充，三桃比例以1:7:2左右为宜。

3. 生育进程　地膜覆盖棉花：播种期4月中旬，出苗期4月下旬，现蕾期6月上旬，开花期7月上旬，吐絮期8月底。露地栽培棉花：播种期4月15~25日，出苗期4月底至5月初，现蕾期6月10日左右，开花期7月10日左右，吐絮期9月上旬。

## （二）配套栽培技术

1. 播前准备

（1）灌水造墒与整地　秋、冬耕地有利于熟化土壤、改善土壤结构、提高土壤肥力、增强土壤的蓄水力和通透性，还可消灭越冬虫蛹、病原菌，减轻病虫危害。秋、冬耕地的时间越早越好，可在棉花收获完后立即进行，以增加土壤风化的时间，接纳较多的雨雪水。秋、冬耕棉田应在早春土壤表层刚化冻时，进行“顶凌”耙地，以利保墒。进行秋、冬耕的棉田，尽可能进行冬灌，冬灌可以蓄水保墒，利用冻融交替，使耕层土壤松软踏实。冬灌的时间应掌握在夜冻日消时。

未进行冬灌，或虽进行冬灌，墒情不足的棉田，应在棉花播前10~15天灌足底墒水。秋、冬未耕或耕时未施基肥的棉田，应进行早春耕，耕后及时耙耢保墒。

（2）施足基肥　棉田基肥可以结合冬耕或春耕进行，每667平方米施优质农家肥2000～3000千克或腐熟饼肥50千克左右。地膜覆盖时棉花基肥施入量占氮肥施用总量的40%左右，即尿素10～12千克；露地直播时棉花基肥中氮肥施用量占全生育期施肥总量的50%左右，即尿素13～15千克。磷肥全部基施，即每667平方米过磷酸钙50～67千克；钾肥全部基施（硫酸钾10～14千克），也可基施和蕾期追施各半（硫酸钾5～7千克）；对于严重缺硼和锌的棉田，可基施硼砂0.5～1千克，硫酸锌1～2千克。

（3）种子准备　精加工包衣种子，条播每667平方米播种量为3.0千克左右，穴播每667平方米播种量为2.0千克左右。如使用未脱绒的种子，每667平方米增加1.0千克，宜选用70%高巧（0.4%～0.5%）或10%吡丹（0.4%～0.5%）处理种子，或用72%的萎福吡干粉拌种防治苗期病害和苗蚜。

2. 播种保苗

（1）化学除草　结合整地，每667平方米用氟乐灵或乙草胺100～120克，加水40升，边喷边耙，使药剂与土壤均匀混合，以提高除草效果，防止药害。

（2）适期播种　露地直播棉花播种适期为5厘米地温稳定通过14℃以上，适宜的播种期为4月15～20日；地膜覆盖棉花播种适期为露地5厘米地温稳定通过12℃以上（此时膜下5厘米地温可稳定通过14℃以上），气候正常年份多在4月中旬初，适宜播种期为4月10～15日，比露地直播棉花提前5～7天。

（3）密度与行株距配置　露地栽培棉花密度为每667平方米4000株左右，地膜覆盖棉花密度为每667平方米3500株左右；采用90厘米和50厘米的宽窄行配置，或80厘米的等行距配置；根据密度和行距确定株距。

（4）查苗补种或移栽　在棉花陆续出土阶段，进行检查，发现

缺苗，采取催芽补种；当齐苗时，发现缺苗，采用芽苗（已露胚根的种子）补种；苗龄达到1片真叶以上时，采用带土移栽补苗措施。

3. 苗期管理

（1）适时放苗　地膜覆盖棉花，当棉苗出土后，子叶由黄变绿，并且顶住膜面时，趁晴朗无风天抓紧放苗，切勿在寒流大风天气放苗，遇晴天高温时要及时放苗，防止高温烧苗。放苗后，随即用土封严膜孔。

（2）间苗、定苗　棉花苗出齐后，即开始间苗，每穴留2~3株健苗；2片真叶时开始定苗，3叶时定完。在地下害虫多的年份和地区，应先治虫，后间苗、定苗，并适当推迟间苗、定苗的时间。间苗、定苗所拔掉的棉苗，要带出田外，以减少病虫的传播。

（3）中耕松土　棉花苗期中耕松土，可以疏松土壤，破除板结，提高地温，调节土壤水分，消灭杂草，减少病虫害，是促进棉苗发根、壮苗、早发的关键措施。

（4）病虫害防治　对于苗期病害，主要是加强中耕松土提高地温防治。苗期虫害主要有棉蚜、地老虎、棉叶螨和棉蓟马等，棉蚜和棉蓟马可用有机磷农药防治；地老虎可用敌百虫喷洒麦麸或炒香的饼粕做成的毒饵进行防治；棉叶螨可用克螨特或尼索朗或三氯杀螨醇等杀螨剂防治。

4. 蕾期管理

（1）稳施蕾肥　基施一半钾肥的棉田，可在蕾期将剩下的一半钾肥（硫酸钾5~7千克）在棉行一侧开沟施入或在株间穴施，地力好基肥足的棉田，为了防止棉花旺长，蕾期一般不追施氮素，地力差，长势弱的棉田，每667平方米可追施尿素5千克左右。

中度或轻度缺硼、锌的棉田，在棉花现蕾期喷施0.2%的硼砂水溶液和0.1%~0.2%的硫酸锌水溶液，每667平方米用液量30~40升。

（2）去叶枝　为促进主茎和果枝的生长，当第一果枝明显出生后，及时打掉果枝以下叶枝，保留全部真叶。

（3）适时浇水　棉花蕾期仍以营养生长占优势，既要防止营养生长过旺，又要避免由于受旱而使营养生长受阻，导致棉蕾大量脱落。应看天、看地、看苗适时浇水。地力较高，墒情较好，主茎生长速度不减慢，棉秆红茎高度少于2/3，可不浇水；如果墒情差，红茎高度超过2/3，叶色深绿发暗，就要开始浇水。

（4）中耕培土　棉花蕾期根系发育迅速，必须加强中耕，促进根系深扎。

（5）化学调控　对于肥力高，棉株长势明显偏旺的棉田，蕾期可每667平方米使用缩节胺0.5克，对水15～20升均匀喷洒棉株顶部。长势较稳健或偏弱的棉田，蕾期可不使用缩节胺。

（6）防治虫害　重点防治棉蚜、盲椿象、玉米螟和棉叶螨等害虫。

5. 花铃期管理

（1）适时揭膜　6月下旬以后，地膜覆盖棉花进入盛蕾初花期，这时日平均气温已达25℃以上，并且雨季即将来临，地膜的增温保墒作用已不明显，同时也为了便于后期管理，应及时揭膜。

（2）中耕培土　为了便于棉田中后期灌水排水，促进根系下扎，防止后期倒伏，在初花前结合中耕培土护根。

（3）重施花铃肥　地膜覆盖棉花揭膜后，随即结合中耕开沟追肥。此次追施氮肥占全生育期氮肥总量的40%左右，即每667平方米用尿素10～12千克；为防止出现早衰现象，在7月底或8月初盛花期每667平方米再追施氮肥5～6千克。露地直播棉花在初花期追肥，追肥数量应占全生育期总氮量的50%左右，即每667平方米施用尿素13～15千克。缺硼、锌的棉田，在棉花初花期和盛花期各喷施0.2%的硼砂水溶液和0.1%～0.2%的硫酸锌水溶液1次，用液量

分别为 40 ~ 50 升和 50 ~ 60 升。

花铃后期对有早衰现象的棉花，叶面喷施 2% 尿素溶液，对长势偏旺的棉花，可喷施 0.3% ~ 0.5% 磷酸二氢钾溶液，每次每 667 平方米用液量 50 ~ 75 升。根外追肥一般在 8 月中旬开始，至 9 月初结束，根据棉花长势连续喷施 2 ~ 3 次。

（4）浇水、排水　棉花进入盛花期，既不抗旱，也不耐涝。这段时间遇旱要及时浇水，遇大雨要及时排涝。

（5）化学调控　初花期（大约在 6 月底至 7 月中旬初）每 667 平方米可用缩节胺 2 ~ 3 克对水 25 ~ 30 升喷洒棉株顶部；7 月下旬盛花期每 667 平方米用缩节胺 3 ~ 4 克对水 40 ~ 50 升喷洒棉株顶部，控制棉株生长和抑制无效花蕾。

（6）适时打顶心，去边心　打顶心应掌握“时到不等枝，枝到看长势”的原则，一般丰产棉花打顶心在 7 月 15 ~ 20 日。个别发育晚、长势强的棉花，为了充分利用有效结铃期，打顶时间也不宜晚于 7 月 25 日。打顶的办法是打下 1 叶 1 心，1 块棉田要一次打完。对于简化栽培棉田（留叶枝），在打顶的同时应打去叶枝顶心。8 月 10 日后棉株的蕾已属无效，为了使棉株养分集中供应现有的铃，增加铃重，8 月 10 日前后可人工打边心或用缩节胺控制无效花蕾发育，保证 9 月初断花。

（7）防治虫害　重点防治伏蚜和棉蓟马，气候干旱年份还应注意对棉叶螨的防治；同时由于抗虫品种后期对棉铃虫的抗性减弱，当棉铃虫发生较重时，也应注意及时防治。

6. 吐絮期管理及收花

（1）坚持浇水　初絮期只有少部分棉铃吐絮，大部分棉铃正在充实，还有一些幼铃正在膨大体积，这是增结秋桃、增加铃重、提高品质的关键时期，若遇干旱必须坚持浇水，以防止早衰，延长叶片功能。但浇水量不宜过大，浇水时间不宜过晚，以免造成贪青晚熟。

(2) 合理整枝，促早熟防烂铃　在棉花吐絮阶段，对于后期长势足的棉田，应及时打去上部果枝的边心和无效花蕾，促使养分集中供应棉桃，促进早熟，对荫蔽棉田，要及时打去棉株下部主茎老叶和空果枝，改善棉田通风透光条件，防止烂铃。

(3) 及时采摘老熟桃　若在初絮阶段阴雨连绵，早发棉田会出现烂铃，为减少损失，应及时把铃期40天以上的棉铃提前摘出，用0.5%~1.0%浓度的乙烯利原液浸泡后晾晒，就可以得到正常的吐絮铃。

(4) 及时采收，保证质量　棉铃开裂后5~7天，应及时采收，以保证籽棉质量；对于不同等级的籽棉要分收、分晒、分轧、分存、分售，在上述各过程中要严防异性纤维的混入。

## 二、华北平原麦棉两熟制彩色棉栽培技术

### (一) 目标产量、产量结构及生育进程

1. 目标产量　棕色棉每667平方米产皮棉75千克，霜前花率80%以上。

2. 产量结构　中等地力棉田，每667平方米种植3500~4000株，果枝数13~14个，单株成铃14.6~16.7个，每667平方米铃数5.86万个以上，平均铃重4.0克，衣分31%~33%。要求三桃齐结，以伏前桃为基础，伏桃为主体，秋桃为补充，三桃比例以1∶7∶2左右为宜。

3. 生育进程　地膜覆盖的棉田，播种期4月15日左右，出苗期4月下旬，现蕾期6月上旬，开花期7月上旬，吐絮期8月底。露地栽培棉花，播种期4月20日左右，出苗期4月底至5月初，现蕾

期6月10日左右，开花期7月10日左右，吐絮期9月上旬。

### （二）配套栽培技术

1. *选择适宜的麦棉套种方式* 确定适宜的麦棉套种方式的原则是有利于发挥麦棉的边行优势，便于地膜覆盖和田间管理；协调麦棉间的生育关系，缓和共生期间的矛盾；以棉为主，有利于麦棉双丰收，增加单位面积上的总效益。要求麦棉行距要适宜，棉行空当要留足，麦棉间距要放开。生产上的麦棉套种方式主要有3-1式、3-2式、4-2式、5-2式和6-2式，从生态效应和总体经济效益分析，以3-2式和4-2式为佳。

3-2式套种方式：带宽1.5米，年前秋种3行小麦，小麦行距20厘米；预留棉行空当1.1米，翌年春季套种2行棉花，麦棉间距30厘米；小麦收割后，棉花形成1.0米和50厘米的宽窄行。此种方式是以棉花为主的方式，较有利于棉花的生长发育，也有利于棉花的密植栽培，小麦产量相当于满幅播种的65%左右，棉花产量相当于一熟棉田的80%～90%。

4-2式套种方式：带宽1.6米，年前秋种4行小麦，小麦行距16.7厘米；预留棉行空当1.1米，翌年春季套种2行棉花，麦棉间距30厘米；小麦收割后，棉花形成1.1米和50厘米的宽窄行。此种方式，小麦产量相当于满幅播种的75%左右，棉花产量相当于一熟棉田的80%左右。

2. *采用高低垄种植* 在麦播前，按计划套种方式，做成高垄低畦，垄高13～16厘米，小麦播在低畦里，翌年春季棉花种在高垄上。麦棉共生期间，小麦需水多，棉花怕水淹，采用高低垄种植后，可达到明浇小麦、暗洇棉花，协调了麦棉供水矛盾，又由于相对抬高了棉苗的高度，增加了光照，提高了地温，有利于壮苗早发。高低垄种植与平作相比，棉花一般增产10%左右，霜前花率提高15个百分点。

3. 播前准备

(1) 蓄水保墒与整地　播麦时，按计划用犁做成高垄低畦，冬季接纳雨雪，风化土壤，埂中保墒。翌年早春在垄埂集中施肥整地，耙耘保墒。因小麦耗水量大，为保证棉花播种时有足够的墒情，一般还需在棉花播种前10天左右结合小麦春灌，明浇小麦暗洇棉垄，保持水不漫垄面，然后耙松土壤，整平棉行。

(2) 施足基肥　棉田基肥可以在冬耕或春耕前进行，每667平方米施用优质农家肥2000～3000千克或腐熟饼肥50千克左右。地膜覆盖棉花基肥中氮肥施入量占氮肥施用总量的40%左右，即尿素10～12千克；露地直播棉花基肥中氮肥施用量占氮肥施入总量的50%左右，即尿素13～15千克。磷肥全部基施，即每667平方米施过磷酸钙50～67千克；钾肥全部基施（硫酸钾10～14千克），也可基施和蕾期追施各半（硫酸钾5～7千克）；对于严重缺硼和锌的棉田，基施硼砂0.5～1千克，硫酸锌1～2千克。

(3) 扶理小麦　前茬小麦如有倒伏趋势或已倒伏的要在棉花播种前进行扶理，以改善棉行的通风透光条件，有利于提高地温，促进棉苗早发，也有利于棉花播种、覆膜等作业正常开展。

(4) 种子准备　精加工包衣种子每667平方米条播3.0千克左右，穴播每667平方米播种量为2.0千克左右；如使用未脱绒种子，每667平方米增加1.0千克，选用70%高巧（0.4%～0.5%）或10%吡丹（0.4%～0.5%）等处理种子，或用72%的萎福吡干粉拌种防治苗期病害和蚜虫。

4. 播种保苗

(1) 适期播种　露地直播棉花播种适期为5厘米深处地温稳定通过14℃以上，适宜的播种期为4月20日左右，地膜覆盖棉花播种适期为露地5厘米深处地温稳定通过12℃以上（此时膜下5厘米地

温稳定通过 14℃以上），适宜播种期为 4 月 15 日左右。

（2）密度与行株距配置　露地栽培棉花每 667 平方米种植 4000 株左右，地膜覆盖棉花每 667 平方米种植 3500 株左右；按照不同套种规格确定行距；根据密度和行距确定株距。

（3）查苗补种或移栽　在棉花陆续出苗阶段，进行检查，发现缺苗，采取催芽补种；当齐苗时，发现缺苗，采用芽苗（已露胚根的种子）补种；苗龄达到 1 片真叶以上时，采用带土移栽补苗。

5. 苗期管理

（1）适时放苗　麦棉套种地膜覆盖棉花在适期播种的情况下6～8 天出苗，当棉苗出土后，子叶由黄变绿，并且顶住膜面时，趁好天抓紧放苗。切勿在寒流大风天气放苗，遇晴天高温时要及时放苗，防止高温烧苗。放苗后，随即用土封严膜孔。

（2）早间苗、晚定苗　北方麦棉套种棉花在出苗时，常有寒流大风侵袭，气温冷暖多变，并且时有地下害虫危害棉苗，所以应掌握“早间苗、晚定苗”的原则。棉花出齐苗后，即开始间苗，每穴留 2～3 株健苗；2 片真叶时开始定苗，3 叶时定完。在地下害虫多的年份和地区，应先治虫，后间苗、定苗，并适当推迟间苗、定苗的时间。间苗、定苗所拔掉的棉苗，要带出田外，以减少病虫的传播。

（3）及时浇水保苗　棉花的苗期正是小麦抽穗、开花、灌浆和成熟阶段，是小麦一生中耗水量最大的时期，麦棉争水矛盾比较突出，往往造成棉垄干旱缺墒。因此，为保证棉苗正常生长，要根据土壤墒情变化，及时结合给小麦浇水保棉苗。但要注意，浇水量不能过大，保持浇麦洇棉花即可，严防淹棉苗、淤地膜，降低地温，导致出现病苗死苗。

（4）松土增温，促苗早发　小麦与棉花套种的田地，春季地温偏低，这是影响棉苗生长的重要原因之一，要加强棉苗四周的松土工作，以疏松土壤、破除板结、提高地温，调节土壤水分，消灭杂草，减少病虫害，促进棉苗发根、壮苗、早发。

(5) 病虫害防治　对于苗期病害，主要是加强松土提高地温防治。棉花苗期虫害主要是棉蚜、地老虎、棉蓟马和棉叶螨等，在小麦与棉花套种情况下，由于天敌的控制，棉蚜一般发生较轻，不需防治；棉蓟马可用有机磷农药防治；地老虎可每667平方米用敌百虫喷洒麦麸或炒香的饼粕做成的毒饵进行防治；棉叶螨可用克螨特或尼索朗或三氯杀螨醇等杀螨剂防治。同时也要注意玉米螟的防治。

(6) 麦收抓“五快”，促苗生长　小麦一旦成熟，应抓紧时间“快收、快运、快中耕灭茬、快追肥浇水、快治虫”，促进棉苗迅速发棵，搭好丰产架子，以弥补共生期间生长的不足。但要注意追施氮肥量和浇水量不宜过大，以免引起蕾期旺长，一般每667平方米施用尿素5千克左右。

6. 蕾期管理

(1) 及时去叶枝　为促进主茎和果枝的生长，当第一果枝明显出生后，及时打掉果枝以下叶枝，保留全部真叶。

(2) 稳施蕾肥　基施一半钾肥的棉田，可在蕾期将剩下的一半钾肥（硫酸钾5～7千克）在棉行一侧开沟施入或在株间穴施；地力好基肥足的棉田，为了防止棉花旺长，蕾期一般不追施氮肥；地力差，长势弱的棉田，每667平方米施用尿素5千克左右。

中度或轻度缺硼、锌的棉田，在棉花现蕾期喷施0.2%的硼砂水溶液和0.1%～0.2%的硫酸锌水溶液，每667平方米用液量30～40升。

(3) 适时浇水　棉花蕾期仍以营养生长占优势，既要防止营养生长过旺，又要避免由于受旱而使营养生长受阻，棉蕾大量脱落，应看天、看地、看苗适时浇水。地力较高，墒情较好，主茎生长速度不减慢，棉秆红茎高度少于2/3，可不浇水；如果墒情差，红茎高度超过2/3，叶色深绿发暗，就要开始浇水。

（4）中耕松土　棉花蕾期根系发育迅速，为促进根系深扎，要在收麦后中耕灭茬的基础上，进行深中耕1～2次。

（5）化学调控　对于肥力高，棉株长势明显偏旺的棉田，每667平方米可在蕾期使用缩节胺0.5克，加水15～20升均匀喷洒于棉株上。长势较稳健或偏弱的棉田，蕾期一般可不使用缩节胺。

（6）防治虫害　重点防治棉蚜、盲椿象、玉米螟和棉叶螨等害虫。

7. 花铃期管理

（1）适时揭膜　6月下旬以后，与小麦套种，用地膜覆盖的棉花进入盛蕾初花期，这时日平均气温已达25℃以上，并且雨季即将来临，地膜的增温保墒作用已不明显，应及时揭膜，以便于后期田间管理。揭膜后随即追肥、浇水和中耕培土。

（2）中耕培土　为了便于棉田中后期灌水排水，促进根系下扎，防止后期倒伏，在初花前结合中耕培土护根。

（3）重施花铃肥　地膜覆盖棉花揭膜后，随即结合中耕开沟追肥，此次追施氮肥占全生育期氮肥总量的40%左右，即每667平方米用尿素10～12千克；为防止出现早衰现象，在7月底或8月初盛花期每667平方米再追施氮肥5～6千克。露地直播棉花在初花期追肥，追施氮肥数量应占全生育期总氮肥使用量的50%左右，即每667平方米施用尿素13～15千克。

缺硼、锌的棉田，在棉花初花期和盛花期各喷施0.2%的硼砂水溶液和0.1%～0.2%的硫酸锌水溶液1次，用液量每667平方米分别为40～50升和50～60升。

在花铃后期对有早衰现象的棉花，叶面喷施2%尿素溶液，对长势偏旺的棉花，可喷施0.3%～0.5%磷酸二氢钾溶液，每次每667平方米用液量为50～75升。根外追肥一般在8月中旬开始，至9月初结束，根据棉花长势连续喷施2～3次。

（4）浇水、排水　棉花进入盛花期，既不抗旱，也不耐涝。这段时间遇旱要及时浇水，遇大雨时要及时排涝。

（5）化学调控　初花期（大约在6月底至7月中旬初），每667平方米可用缩节胺2～3克对水25～30升喷施；7月下旬盛花期每667平方米用缩节胺3～4克对水40～50升喷施，控制棉株生长和无效花蕾。

（6）适时打顶心，去边心　打顶心应掌握“时到不等枝，枝到看长势”的原则。一般丰产棉花7月15～20日打顶；个别发育晚长势强的棉花，为了充分利用有效蕾，打顶时间也不宜晚于7月25日。打顶的办法是打下1叶带1心，1块棉田要一次打完。对于采用简化栽培管理措施的棉田（留叶枝），在打顶的同时应打去叶枝顶心。8月10日后棉株的蕾已属无效，为了使棉株养分集中供应现有的铃，增加铃重，8月10日前后可人工打边心或用缩节胺控无效花蕾，保证9月初断花。

（7）防治虫害　重点防治伏蚜和棉蓟马，气候干旱年份还应注意棉叶螨的防治；当棉铃虫发生较重时，也应注意防治。

8. 吐絮期管理及收花

（1）坚持浇水　初絮期只有少部分棉铃吐絮，大部分棉铃正在充实，还有一些幼铃正值膨大体积，这是增结秋桃、增加铃重、提高品质的关键时期，若遇旱必须坚持浇水，以防止早衰，延长叶片功能。但浇水量不宜过大，浇水时间不宜过晚，以免造成贪青晚熟。

（2）合理整枝，促早熟防烂铃　在棉花吐絮阶段，对于后期长势足的棉田，应及时打去上部果枝的边心和无效花蕾，促使养分集中供应棉桃，促进早熟；对荫蔽棉田，要及时打去棉株下部主茎老叶和空果枝，改善棉田通风透光条件，防止烂铃。

（3）及时采摘老熟桃　若在吐絮阶段阴雨连绵，早发棉田易出现烂铃，为减少损失，应及时采摘有烂铃症状的铃期老熟桃。

（4）及时采收，保证质量　棉铃开裂后5～7天，应及时采收，以保证籽棉质量，对于不同等级的籽棉要分收、分晒、分轧、分存、分售，在上述各过程中要严防异性纤维的混入。

## 三、黄淮平原彩色棉栽培技术

黄淮平原棉区位于黄淮海流域棉区南部，主要包括河南东部及东南部、江苏的徐淮地区、安徽北部。本区棉花种植制度以麦棉两熟为主，种植方式主要为移栽地膜覆盖或露地移栽。

### （一）产量结构及生育进程

1. 目标产量　棕色棉每667平方米产皮棉85千克，霜前花率85%以上。

2. 产量结构　中等地力棉田，每667平方米种植3000～3500株，单株果枝14～15个，单株结铃17～20个，每667平方米铃数6万个，铃重4.5克，衣分32%左右。要求三桃齐结，以伏前桃打基础，伏桃为主体，秋桃为补充，三桃比例以1∶7∶2左右。

3. 生育进程　3月下旬制钵，3月底或4月初播种，4月上旬出苗，5月上旬大田移栽。移栽地膜棉6月上旬现蕾，6月底至7月初开花，8月下旬吐絮；露地移栽棉6月中旬现蕾，7月上中旬开花，9月初吐絮。

### （二）配套栽培技术

1. 选择适宜的小麦与棉花套种方式　生产上的小麦与棉花移栽套种方式主要有4-2式、5-2式和6-2式等，从生态效应和麦棉总体经济效益分析，以4-2式为佳。4-2式套种方式：带宽1.6米，年前秋种4行小麦，小麦行距20厘米；预留棉行空当1.0米，翌年春季套种2行棉花，麦棉间距25厘米；小麦收割后，棉花形成1.1米和50厘米的宽窄行。

2. 制钵与播种

(1) 苗床准备　选择地势较高、背风向阳、排灌方便、邻近大田的地段建床。秋播时按移栽每667平方米大田需26～30平方米的比例留足苗床。

培肥苗床土壤：每个苗床冬前施入土杂肥100～150千克、人粪尿100～150千克和腐熟饼肥4～5千克，冬翻冻土，春耕晒垡，熟化土壤，达到土熟、细、疏松。3月下旬制钵前，每苗床再施过磷酸钙1～2千克、硫酸铵1～2千克或棉花苗床专用复合肥4～5千克，使肥土充分混匀后制钵。

(2) 制钵　用直径7～8厘米制钵器制钵，钵土于制钵前2天洇足水，钵体土湿度达到手将土握成团、齐胸落地即散为宜。制钵前铺平床底，撒上草木灰及防治地下害虫的农药，边制钵边摆钵，摆钵平整紧密。苗床四周用土培好，并挖好排水沟，然后平铺薄膜，保墒待播，同时备足覆盖棉子的土。制钵数比大田实栽密度增加50%以上。

(3) 苗床播种

①苗床适宜播期。当日平均气温稳定通过8℃以上，床温达20℃，即可播种，一般在3月底至4月初。播种前苗床浇足水，每钵播种1～2粒，播后盖土，盖土厚1.5厘米，盖土要厚薄一致，并填满钵体空隙。

②苗床化学除草。苗床播种盖土后，用棉花除草剂、壮苗专用药剂——床草净喷于床面，防除苗床杂草和控制棉苗旺长。

③搭棚盖膜。苗床喷施化学除草剂后先用地膜覆盖床面，每隔80厘米左右插一竹弓做棚架，棚架中间高度离床面50～55厘米，在竹弓上覆膜，盖膜要绷紧，四周用土压实，棚膜用绳固定，以防大

风掀膜，最后清理四周排水沟。

3. 苗床管理

（1）保温出苗　播种出苗后，做到保温、保湿、催出苗。一般当出苗率达80%时抽去床内地膜，继续盖棚膜增温促全苗、齐苗。

（2）控温降湿　齐苗后，先于苗床两头揭膜通风，并抢晴暖天气于上午9时至下午3时揭膜晒床1～2天，降低苗床温度。1叶1心时及时间苗、定苗。

随着气温升高和苗龄增大，采用通风不揭膜方法，逐渐增加或加大苗床两侧的通风口，保持棚内的温度在25～30℃之间，最多不超过35℃。当床内温度超过40℃时要加大通风口或揭半膜直至揭全膜，防止温度过高烧苗。遇灾害性天气应随时盖膜。

（3）化学调控促壮　未使用床草净的苗床，棉苗子叶展平时用壮苗素喷洒棉苗，可达到控制旺苗培养壮苗的目的。

（4）防病治虫　齐苗后揭膜晒床时及时防治棉苗炭疽病、叶斑病、褐斑病等；及时防治棉盲蝽、棉蓟马、蚜虫等。移栽前治1遍虫，防止将虫带入大田。

(5) 栽前炼苗　棉苗移栽前一周，日夜揭膜炼苗，但薄膜仍需保留在苗床边，做到苗不栽完，膜不离床。

4. 移栽前准备

(1) 熟化土壤　预留栽棉空幅冬季深翻冻垡，早春松土，以利于促进根系发育。

(2) 扶理前茬　棉花前茬如有倒伏趋势和已倒伏的要在棉花移栽前进行扶理，以改善棉行的通风透光条件，提高土温，促进棉苗早发，同时也有利于棉花移栽时的田间操作。

(3) 施足基肥　一般每667平方米施优质农家肥2000～3000千克（或腐熟饼肥50千克）、尿素14千克、过磷酸钙67千克、硫酸钾14千克（全部基施）或7千克（基施7千克和蕾期追施7千克）。施肥时间可选在移栽前7～8天结合整地和做畦时施入。

(4) 化学除草　移栽后，用地膜覆盖栽培的棉田在平整后用棉田除草剂均匀喷洒于土面，喷后覆盖地膜，或直接覆盖含除草剂的地膜。

(5) 精细铺膜　带墒铺膜，土壤墒情不够的要补墒后铺膜。大小行种植的棉花地膜铺在小行，一膜盖两行棉花，膜宽比小行大20厘米，地膜应紧贴地面，两边压实，防止大风掀膜。

5. 大田移栽

(1) 株行距配置　根据不同生态条件、不同种植方式和密度要求，确定适宜的大小行配置方式，再根据密度和行距计算出株距。4-2式麦棉移栽套种方式棉花小行50厘米，大行宽1.1米，平均行距80厘米。

(2) 适期移栽　当气温稳定在17～18℃时即为安全移栽期。移栽地膜棉一般在5月10日左右开始移栽，5月15日前移栽结束；露地移栽棉一般在5月15日左右开始移栽，5月20日左右移栽结束。

(3) 移栽方法　根据密度和株行距配制要求，定距打孔，孔深

略超过钵体高度。苗床起苗时保证钵体完好，覆土时先覆2/3，浇活棵水然后再覆满土，活棵水宜用稀粪水，移栽宜在晴好天气进行。移栽地膜覆盖的棉田移栽结束后应清理膜面。

6. 苗期和蕾期管理

（1）促苗快长　小麦一旦成熟，应抓紧时间“快收、快运、快中耕灭茬、快浇水、快治虫”，促进棉苗迅速发棵，搭好丰产架子，以弥补共生期间生长的不足。

（2）及时去叶枝　为促进主茎和果枝的生长，当第一果枝明显出生后，及时打掉果枝以下叶枝，保留全部真叶。

（3）化学调控　对于肥力高，棉株长势明显偏旺的棉田，在蕾期每667平方米可以使用缩节胺0.5克，对水15～20升均匀喷洒棉株。长势较稳健或偏弱的棉田，蕾期一般不使用缩节胺。

（4）蕾期施肥　基施一半钾肥的棉田，可在蕾期将剩下的一半钾肥（硫酸钾7千克/667平方米）在棉行一侧开沟施入；地力好基肥足的棉田，为了防止棉花旺长，蕾期一般不施氮肥；地力差，长势弱的棉田，每667平方米施用尿素5千克左右。中度或轻度缺硼、锌的棉田，在棉花现蕾期喷施0.2%的硼砂水溶液和0.1%～0.2%的硫酸锌水溶液，用液量每667平方米为30～40升。

（5）适时浇水　棉花蕾期仍以营养生长占优势，既要防止营养生长过旺，又要避免由于受旱而使营养生长受阻，棉蕾大量脱落。墒情较好，主茎生长速度不减慢，可不浇水，如果墒情差，红茎高度超过2/3，叶色深绿发暗，就要开始浇水。

（6）中耕松土　棉花蕾期根系发育迅速，为促进根系深扎，要在麦收后中耕灭茬的基础上，进行深中耕1～2次。

（7）防治虫害　重点防治棉蚜、盲椿象、玉米螟和棉叶螨等害虫。

7. 花铃期管理

（1）适时揭膜　6月底以后，移栽地膜覆盖棉花进入盛蕾初花期，这时日平均气温已达25℃以上，并且雨季即将来临，地膜的增温保墒作用已不明显，应及时揭膜，以便于后期田间管理。揭膜后随即追肥、浇水、中耕培土。

（2）中耕培土　为了便于棉田中后期灌水、排水，促进根系下扎，防止后期倒伏、保护根系，在初花前结合中耕培土。

（3）重施花铃肥　早施第一次花铃肥，移栽地膜棉6月底7月初揭膜并将残膜清除出田外，结合中耕在小行中开沟施用第一次花铃肥，露地移栽棉7月上旬在初花期至开花期间施用第一次花铃肥。第一次花铃肥施用量为每667平方米用尿素10千克左右。第二次花铃肥在7月下旬，每667平方米穴施或沟施尿素10千克左右。

缺硼、锌的棉田，在棉花初花期和盛花期各喷施0.2%的硼砂水溶液和0.1%～0.2%的硫酸锌水溶液1次，用液量每667平方米分别为40～50升和50～60升。

（4）适时打顶、去边心　打顶心应掌握“时到不等枝，枝到看长势”的原则。一般丰产棉花7月15～20日打顶；个别发育晚长势强的棉花，为了充分利用有效蕾期，打顶时间也不宜晚于7月25日。打顶的办法是打下1叶带1心，1块棉田要一次打完。对采用简化栽培的棉田（留叶枝），在打顶的同时应打去叶枝顶心。8月10日后棉株的蕾已属无效，为了使棉株养分集中供应现有的铃，增加铃重，8月10日前后可人工打边心或用缩节胺调控无效花蕾，保证9月初断花。

（5）化学调控　初花期，每667平方米可用缩节胺2～3克对水25～30升喷施；7月下旬盛花期每667平方米用缩节胺3～4克对水40～50升喷施，控制棉株生长和无效花蕾。

（6）根外追肥　在花铃后期对有早衰现象的棉花，叶面喷施2%尿素溶液；对长势偏旺的棉花，可喷施0.3%～0.5%磷酸二氢钾

溶液，每次每667平方米用液量50～75升。根外追肥一般在8月中旬开始至9月上旬结束，根据棉花长势酌情喷2～3次。

（7）防治虫害　重点防治伏蚜和棉盲蝽，气候干旱年份还应注意对棉叶螨的防治；本区目前种植的棉花品种以抗虫棉为主，但抗虫棉后期对棉铃虫的抗性减弱，当棉铃虫发生较重时，也应注意防治。

8. 吐絮期管理及收花

（1）防治虫害　9月上中旬继续做好棉花虫害的防治工作。

（2）乙烯利催熟　晚熟棉田可用乙烯利催熟，使用乙烯利催熟剂必须在铃龄达40天以上，使用时气温不低于20℃，一般在10月15日左右。使用浓度1000毫克/升上下，即用40%的乙烯利125克对水50升叶面喷施。

（3）收花　棉花吐絮后5～7天为最佳采摘期，应及时采收。不收雨后花、露水花和开口桃，并按品级分收、分晒、分藏、分售。

（4）控制异性纤维　采摘、包装和出售棉花禁止使用化纤编织袋等非棉布口袋，禁止使用有色线或绳扎口，以防异性纤维混入。

# 第四节 长江流域彩色棉栽培

## 一、长江上游彩色棉栽培技术

本棉区以四川盆地为主，另外还包括陕西省、鄂西、湘西及黔北一些零星产区。本区彩色棉品种可选用川彩棉 1 号（棕色）和川彩棉 2 号（绿色）。

### （一）目标产量、产量结构与生育进程

1. 目标产量　棕色棉每 667 平方米产皮棉 80 千克；绿色棉每 667 平方米产皮棉 65 千克。

2. 产量结构　棕色棉每 667 平方米种植 3000～3500 株，单株成铃 15～18 个，平均铃重 4.2 克以上，衣分 37%，每 667 平方米成铃数 5.2 万个以上，三桃比例 3.5 : 5.5 : 1，4 级及 4 级以上籽棉所占比例在 85% 以上。

绿色棉每 667 平方米种植 3000～3500 株，单株成铃 17～20 个，平均铃重 4.2 克以上，衣分 30%，每 667 平方米成铃数 6.0 万个以上，三桃比例 3.5 : 5.5 : 1，4 级及 4 级以上籽棉所占比例在 85% 以上。

3. 生育进程　3 月下旬至 4 月初为育苗期，4 月中下旬至 5 月

上旬大田移栽，5 月 15 ~20 日现蕾，6 月 20 日左右为开花期；8 月上旬吐絮。

## （二）配套栽培技术

1. 田间配置方式　秋季播种小麦时按 1.33 ~1.5 米的标准为一带，小麦播幅占40% ~50%，以利移栽和地膜覆盖。

2. 制钵与播种

（1）苗床准备　床址应选择在地势较高、背风向阳、排灌方便、表土肥沃、便于就近移栽的地段，移栽 667 平方米大田的苗床面积约需 26 平方米（宽 1.3 米，长 20 米）。

每个苗床冬前施入土杂肥 100 ~150 千克、人粪尿 100 ~150 千克和腐熟饼肥 4 ~5 千克；并在冬前翻土，以熟化土壤，达到土熟、细、疏松；床址四周开挖深沟，以利排水；制钵前再在苗床内施入含氮、磷、钾及微量元素的棉花苗床专用肥 4 ~5 千克，并与床土充分混合。

（2）制钵　在播种前 1 ~2 天将苗床中的钵土洇足水，调至手握成团、齐胸落地即散为宜，用直径 7.0 ~8.0 厘米制钵器制钵，制钵数比大田实栽株数增加 50%。

（3）苗床播种

①适期播种。当平均气温稳定通过 8℃以上即为安全播种期，一般在 3 月下旬、4 月初播种。播前苗床浇足水，每钵播种种子 1 ~2 粒，播后盖土，盖土厚 1.5 厘米，并填满钵间空隙。

②苗床化学除草。苗床播种盖土后，用棉花除草剂、壮苗专用药剂——床草净喷于床面，防除苗床杂草和控制棉苗旺长。

③搭棚盖膜。苗床喷施化学除草剂后先用地膜盖床面，每隔 80 厘米左右插一竹弓做棚架，棚架中间高度离床面 50 ~55 厘米，在竹弓上覆膜，盖膜要绷紧，四周用土压实，棚膜用绳固定，以防止大

风掀膜，最后清理四周排水沟。

3. 苗床管理

(1) 保温出苗　播种出苗后，做到保温、保湿催出苗。一般当出苗率达到80%时抽取床内地膜，继续盖棚膜增温促全苗、齐苗。

(2) 控温降湿　齐苗后，先于苗床两头揭膜通风，并抢晴暖天气于上午9时至下午3时揭膜晒床1~2天，以降低苗床湿度。1叶1心时及时间苗、定苗。随着气温升高和苗龄增大，采用通风不揭膜的方法，逐渐加大苗床两侧的通风口，保持棚内的温度在25~30℃之间，最多不超过35℃。当床内温度超过40℃时要加大通风口或揭半膜然后揭全膜，防止温度过高烧苗。

(3) 化学调控促壮苗　未用床草净的苗床，棉苗子叶展平时用壮苗素喷洒棉苗，可达到控制旺苗的目的。

(4) 防病治虫　齐苗后揭膜晒床时及时防治棉苗炭疽病、叶斑病、褐斑病等；及时防治棉盲蝽、棉蓟马、蚜虫等。移栽前治一遍虫，防止将虫带入大田。

(5) 栽前炼苗　棉苗移栽前1周，日夜揭膜炼苗，但薄膜仍需保留在苗床边，做到苗不栽完，膜不离床。

4. 移栽前准备

(1) 熟化土壤、扶理前茬　预留栽棉空幅冬季深翻冻垡，早春松土，以利于促进根系发育。棉花前茬如有倒伏趋势和已倒伏的要在棉花移栽前进行扶理，以改善棉株行间的通风透光条件，提高土温，促进棉苗早发，同时也有利于棉花移栽时的田间操作。

(2) 施足基肥　棉花全生育期每667平方米施肥总量为氮肥14~18千克、磷肥13~16千克、钾肥10~13千克。于移栽前10天每667平方米施优质农家肥3000千克、氮肥总量的20%、磷肥和钾肥总量的60%，即每667平方米施尿素6~8千克、普通过磷酸钙65~80千克和氯化钾10~13千克。施用方法是预留棉行先行耕作，

接着在行中开深沟，将肥土混匀，覆土平整厢面。

5. 大田移栽　根据设计的密度和实际行距确定株距，然后按株距开穴，棉行与小麦边行之间的距离为10厘米，穴深12～15厘米。移栽前每667平方米穴施水粪7.5吨，加尿素1.3～2.7千克，趁穴中水未渗干前将选好的苗带土压入穴中，覆土平整厢面，用1500倍敌杀死加5%呋喃丹液喷苗脚部土壤，也可加拿排净等对双子叶作物不产生药害的除草剂。喷药后立即覆盖地膜，覆盖度50%。

6. 苗期和蕾期管理

（1）中耕松土　为破除土壤板结，促进根系深扎，要在收麦后中耕灭茬的基础上，进行深中耕1～2次。

（2）去叶枝　从现蕾开始分次去掉全部叶枝。

（3）化学调控　见蕾期开始化学调控，缩节胺每667平方米第一次用量为0.8～1.0克加水20升，盛蕾期每667平方米1.0～1.5克加水25升，叶面喷洒。

7. 花铃期管理

（1）见花期揭膜、追肥　见花期追施氮肥，施入量占施肥总量的30%，磷、钾肥施入量均为施肥总量的40%，即每667平方米施尿素9～12千克、过磷酸钙43～54千克、氯化钾7～9千克，另加腐熟农家肥1吨和水粪2.5吨。施用方法是，先揭去地膜，在小行中或两侧隔株开穴，深16～20厘米，先将化肥施入穴底，再施农家肥，然后淋水粪，如缺水粪，可补清水，以免烧根。施后覆土至穴深1/2。

（2）化学调控　分别于见花期和盛花期使用缩节胺2.0～2.5克/667平方米和2～3克/667平方米，每次对水30～40升。

（3）及时打顶、摘边心　及时摘除顶心，每株留果枝12～14台。摘旁心要分次进行，每株留果节50个左右。平均每果枝留4节，上部可适当减少，中部可适当增加1节。

(4) 重施保桃肥　保桃肥一般应在单株成铃 1 个左右时追施，每 667 平方米施尿素 15 ~ 20 千克，开沟穴施，然后覆土，并结合培土，清理垄沟，以便排灌。

(5) 根外追肥　从开花后 30 日起，每 10 天左右喷 1 次叶面宝 (5 毫升/667 平方米)，也可用 2% 尿素和 0.3 ~ 0.5% 磷酸二氢钾，整个花铃期喷施 2 ~ 3 次。

(6) 抗旱、排涝　四川棉区 7 月下旬至 8 月中旬常有伏旱，高温干燥常造成蕾铃大量脱落，在有水浇的情况下，提倡沟灌 2 ~ 3 次。如遇大雨，应及时排涝。

8. 吐絮期管理及收花

(1) 降低棉田湿度，减少烂铃损失　为减少烂铃，在秋雨来临之前，清理垄沟，预防渍水，打掉空枝老叶，除净杂草，改善田间通透条件。如遇较长时间连绵秋雨可摘除部分老熟棉、铃和黑桃，在通风处摊晾至自然裂口。

(2) "五分"收花，防止异性纤维　按好花、黄花进行分拾、分晒、分贮、分轧、分售，在收花和贮藏过程中严防异性纤维混入棉花。

## 二、长江中游彩色棉栽培技术

本棉区包括湖南、湖北两省大部分地区、河南省信阳地区、江西全省和安徽省的淮河以南部分地区。本区适宜种植的彩色棉品种主要有湘彩棉 1 号 (绿色)、湘彩棉 2 号 (棕色) 等。

### (一) 目标产量、产量结构和生育进程

1. 目标产量　棕色棉每 667 平方米产皮棉 85 ~ 100 千克；绿色棉每 667 平方米产皮棉 80 千克。

2. 产量结构　棕色棉每 667 平方米种植密度 1600 ~ 1800 株，

每667平方米成铃数5.1万～6.0万个，平均单铃重4.5克，衣分37%。绿色棉每667平方米种植密度1600～1800株，每667平方米成铃数6.4万个，平均单铃重4.2克，衣分30%。

3. 生育进程　洞庭湖地区，苗床播种期4月10～20日，移栽期5月10～20日，现蕾期6月10日左右，开花期7月10日前，吐絮期8月30日前。江汉平原，3月下旬至4月5日苗床播种，4月下旬至5月上旬移栽到大田，6月上旬进入蕾期，6月底至7月初进入开花期，8月下旬为吐絮期。

## (二) 配套栽培技术

1. 苗床准备与制钵　选择背风向阳、排灌方便、靠近棉田、表土肥沃的地方作为床址，苗床面积与大田比例为1:20，苗床宽1.2米，长25米。在制钵（块）前15～20天，将苗床表土挖松，按每30平方米（667平方米大田所需苗床）施入优质农家肥（土杂肥）100千克，腐熟人、畜粪水约150千克，氯化钾1千克，过磷酸钙1千克，或施入相应养分含量的复合肥，或棉花苗床专用肥，混匀，用薄膜覆盖备用。在播种前1～2天或当日，将苗床上的营养土用水调至手握成团、齐胸落地自然散开为宜，用直径7～8厘米的制钵器制钵，并整齐地排列在苗床上，每排15个，苗床四周用细土或细砂填平围好，以备播种。或将苗床土在播种前起浆整平，按长、宽各8厘米，高6厘米进行划格，制作成营养块，随后播种，每667平方米制钵3000个以上。

2. 苗床播种　当日平均气温稳定通过8℃以上即为安全播种期，洞庭湖地区一般在4月10～20日播种，江汉平原一般在3月25日至4月5日播种。播前苗床浇足水，每钵播种种子1～2粒，播后盖土，盖土厚1.5厘米，盖土要厚薄一致，并填满钵体间的空隙。

3. 移栽前准备

（1）扶理前茬　对预留棉花空档较窄或前茬出现倒伏的地块，要在棉花移栽前对前茬进行扶理，以改善棉行的通风透光条件，提高土温，促进棉苗早发，同时也有利于棉花移栽时的田间操作。

（2）施足基肥　一般每667平方米施优质农家肥2000～3000千克（或腐熟饼肥50千克），氮肥施入量是生育期施入氮肥总量的30%，即尿素13千克；磷肥全部基施，即过磷酸钙50千克；钾肥施用总量的60%，即氯化钾12千克；硼肥0.5～1.0千克，锌肥0.5千克。将肥料混合均匀后开沟深施。施肥时间在移栽前15～20天，或在移栽前7～8天结合整地做畦施入。

（3）化学除草　移栽地膜棉在平整后用棉田除草剂均匀喷洒于土面，喷后覆盖地膜，或直接覆盖除草地膜。

（4）精细铺膜　带墒铺膜，若土壤墒情不够补墒后再铺膜。宽窄行配置，棉花膜铺在窄行，一膜盖两行棉花，膜宽比小行大20厘米，地膜应紧贴地面，两边压实，防止大风掀膜。

4. 大田移栽

（1）移栽规格　棉花采用宽窄行种植（宽行120厘米，窄行80厘米），平均行距100厘米，株距37～40厘米，按此规格打孔或开沟，每667平方米移栽1600～1800株。

（2）移栽时间　洞庭湖地区移栽时间一般在5月10～25日，江汉平原一般在4月下旬至5月上旬移栽。

（3）移栽质量　苗床起苗时保证钵体完好，覆土时先覆2/3土，浇活棵水然后再覆土，活棵水宜用稀粪水，移栽宜在晴好天气进行，切忌雨天或雨后带烂泥移栽。移栽地膜棉在移栽结束后应清理膜面。

栽后要及时收获前茬，灭茬中耕松土，移苗补缺，清沟理墒和治虫。

5. 苗期和蕾期管理

（1）蕾期追肥　蕾期一般不需施肥，但对于长势较弱棉田，每

667 平方米可追施 2～3 千克尿素。

（2）化学调控　苗期一般不使用缩节胺进行调控，现蕾期每 667 平方米使用缩节胺 0.1～0.8 克对水 25 升调控。

（3）田间除草　移栽后 20～25 天，田间杂草已生长 3～4 片叶龄，这时可进行第一次棉株行间化学除草，主要是棉沟和株间，每 667 平方米用 10% 草甘膦 500 毫升对水 20～25 升加洗衣粉 0.2 千克，或 41% 农达 100 毫升对水 20～25 升，在基本无风的天气时行间喷雾，并在喷头上安上防护罩，药液尽量不喷到棉花叶片上，防止出现药害。也可人工松土除草。

（4）整枝　在稀植的情况下，每株保留叶枝 2～3 个。

6. 花铃期管理

（1）重施花铃肥，补施盖顶肥　初花期揭膜、开沟后每 667 平方米施尿素 15～20 千克，氯化钾 8～10 千克；打顶后补施盖顶肥每 667 平方米施尿素 8～10 千克，以满足后期秋桃的养分需要，提高铃重，防止早衰。

（2）根外追肥　8 月上中旬视棉花长相，根外喷施 2% 尿素液加 0.3% ～0.5% 磷酸二氢钾液 2～3 次。

（3）化学调控　初花期每 667 平方米用缩节胺 1.2～1.5 克，对水 30 升叶面喷施；之后视棉花长势，隔 10 天左右每 667 平方米用缩节胺 1.5 克，对水 30 升叶面喷施；打顶后一周，每 667 平方米用缩节胺 3～4 克，对水 50 升喷施。

（4）花铃期化学除草　若在 7 月上旬或封行前棉田还有较多杂草，就需要进行第二次化学除草，或人工除草。

（5）摘旁心、打顶　叶枝在长出 3 个果枝时，摘去叶枝顶心，主茎在立秋前后打顶，及时抹掉赘芽。

（6）灌水抗旱　棉花进入花期时，根据旱情及时灌水，以垄间有半沟水，垄面湿润为度，傍晚灌水，清晨排水。

7. 病虫防治　苗期挑治蚜虫、棉蓟马、棉叶螨、地老虎；蕾期挑治红蜘蛛，防治第二代棉铃虫及盲蝽；花铃期以防治红铃虫、棉铃虫为主，挑治伏蚜、棉叶螨等害虫；吐絮期重点防治第三代、第四代和第五代棉铃虫及红铃虫。用有机磷或有机磷类复配剂等药剂防治蚜虫、地老虎等；用三氯杀螨醇或久效磷或达螨灵等防治棉叶螨；用菊酯类或菊酯类复配剂或有机磷类等药剂防治棉红铃虫。

8. 适时采收　当大部分棉株有1～2个棉铃吐絮时，即开始采摘，以后每隔7～8天采摘1次。一般不摘未完全开裂的棉花，但雨前要及时采摘，做到分收、分晒、分存、分轧和分售。

## 第五节　我国西北内陆彩色棉栽培

### 一、南疆棉区彩色棉栽培技术

#### （一）目标产量、产量结构和生育进程

1. 目标产量　棕色棉每667平方米产皮棉120千克；绿色棉每667平方米产皮棉75千克。

2. 产量结构　棕色棉每667平方米收获1.4万～1.6万株，单株铃数5.1～5.8个，每667平方米成铃数8.1万个，单铃重4.5克，衣分33%，霜前花率90%～95%。绿色棉每667平方米收获1.4万

~1.6 万株，单株铃数 5.1 ~5.9 个，每 667 平方米成铃铃数 8.2 万个，单铃重 4.0 克，衣分 23%，霜前花率 90%。

3. 生育进程　4 月上中旬播种，4 月中下旬出苗，5 月下旬现蕾，6 月下旬开花，8 月下旬吐絮。

## （二）配套栽培技术

1. 播种

（1）适期早播　当膜下 5 厘米地温稳定在 14℃ 时即可开始播种，一般年份适宜播种期为 4 月 1 ~20 日，最佳播期为 4 月 5 ~15 日，一般不宜超过 4 月 20 日。

（2）行株距及播种密度　一是采用幅宽 140 ~145 厘米地膜，一膜播 4 行棉花，行、株距配置方式主要有（60 厘米+32 厘米）×9.5 厘米、（55 厘米+30 厘米）×9.5 厘米，播种密度每 667 平方米 1.53 万 ~1.65 万株；二是采用幅宽 200 厘米地膜，一膜播 6 行棉花，行、株距配置方式主要有（60 厘米+10 厘米）×10.5 厘米和（66 厘米+10 厘米）×9.5 厘米，播种密度为每 667 平方米 1.81 万 ~1.85 万株。

（3）铺膜和播种质量要求　播种深度 3 厘米左右，沙土地略深一些，可到 3.0 厘米；黏土地略浅一些，2.5 厘米即可。常规播种机每 667 平方米种子用量 4 ~5 千克，精量播种每穴 1 粒，每 667 平方米用种量 1.5 ~2 千克。要求铺膜平展、紧贴地面，松紧适中，压实膜边，播种行覆土均匀、严实，厚度 0.5 ~1.0 厘米，膜面干净。

播种后注意护膜防风，应及时查膜，用细土将播种机漏盖的穴孔封严，每隔 10 米用土压 1 条护膜带，防止大风将地膜掀起。如遇大风，要及时查膜压土封孔。

2. 苗期和蕾期管理　南疆春季气温不稳定，苗期常有低温、降雨等天气，应及时放苗、补种和定苗，并进行中耕松土，提高地温、破除板结，以实现全苗和壮苗早发。

（1）及时放苗、补种　一般在播种后 8～12 天即可破土出苗，此时应做好查苗、放苗和补种工作。对于播种错位的棉苗要及时破膜放苗，放苗时应注意将棉苗基部孔穴用土封严。如遇下雨天气，雨后应及时破除覆土板结，助苗出土。对于缺苗较重的棉田，应在放苗的同时或随后催芽补种。

（2）早定苗　为避免棉苗相互拥挤，形成高脚苗，应在棉苗子叶展平后开始定苗，1 叶 1 心时结束。1 穴留 1 苗，去弱苗、病苗，留壮苗、健苗，同时要培好“护脖土”。

（3）中耕除草　为破除土壤板结，增强土壤通透性，提高地温，促进棉苗根系发育和地上部生长，灭除田间杂草，一般在播后或棉田显行时进行第一次中耕，以后如遇降雨，土壤出现板结，应及时中耕，现蕾前中耕1～2 次。机械中耕深度不少于 15 厘米，距苗行 10 厘米左右，要求做到表土松碎平整，不压苗、不埋苗、不铲苗，不损坏地膜。机械中耕不到的地方可采用人工除草。

（4）根外施肥　为促进壮苗早发，早现蕾和多现蕾，可在定苗后每 667 平方米用磷酸二氢钾 100～120 克和尿素 100 克对水 30 升叶面喷施，每次间隔 7～10 天喷 1 次，连喷 2～3 次。

（5）化学调控　棉花化学调控应坚持“早、轻、勤、稳”原则，少量多次。一般棉田在 2～3 叶期每 667 平方米用缩节胺 0.2～0.3 克，对水 20 升；5～6 片叶期，每 667 平方米用缩节胺 0.5～0.8 克，对水 30 升；灌第一水前，每 667 平方米用缩节胺 2 克左右，对水 40～50 升。

3. 花铃期管理

（1）揭膜　地面灌溉棉田，根据棉田土壤墒情和棉花长势适时揭膜。旺长棉田 6 月 10 日前要揭膜，一般棉田可延后，于 6 月中下旬头水前 3～5 天揭膜，要保证揭膜后及时灌水，避免发生旱情。膜

下滴灌棉田可在棉花收获完毕或第二年春季犁地前揭膜。

（2）重施花铃肥　进入花铃期以后，对养分的吸收达到一生中的高峰，必须保证花铃期养分的充足供应。花铃期追肥以氮肥为主。

地面灌溉棉田，6 月中下旬头水前进行第一次追肥，每 667 平方米结合开沟追施尿素 10 ~ 15 千克，施肥应距苗行 10 ~ 12 厘米，深 10 ~ 15 厘米，第二水时视棉田长势，每 667 平方米人工撒施尿素 5 ~ 8千克，防止棉田脱肥早衰。

膜下滴灌棉田，棉花头水时开始滴肥，前三次滴施的肥料以尿素为主，头水每 667 平方米随水滴尿素 2 千克，第二水和第三水每 667 平方米滴尿素 2 ~ 3 千克，另加磷酸二氢钾 1 千克。7 月 5 ~ 10 日棉花进入盛花期，此时棉花进入需肥高峰期，也是第一个蕾铃脱落的高峰期，需加大肥料的投入。每次每 667 平方米滴水分别滴施棉花滴灌专用肥和少量尿素5 ~ 6 千克；或每 667 平方米滴施尿素 4 ~ 5 千克，加磷酸二氢钾 1 千克。为了防止脱落、保铃增铃、提高铃重，8 月上旬进行最后 1 次滴肥，每 667 平方米随水滴施尿素 2 千克和磷酸二氢钾 1 千克。

（3）棉田灌溉　地面灌溉棉田，坚持“头水晚、二水赶，三水足，看苗看长势灌水”的原则，全生育期浇水 3 ~ 5 次。头水灌溉时间一般在 6 月 15 ~ 20 日前后，浇水顺序应以棉花长势和墒情而定，一般弱苗和沙土地先浇，旺苗和黏土地后浇。要求小畦浇或细流沟浇，严格控制水量，一般浇水量在 50 ~ 60 立方米，做到不串灌、不漫垄、均匀灌透；第二水应紧跟头水后 10 ~ 12 天，浇水量根据棉花长势控制在 60 ~ 70 立方米。第二水以后，每隔 15 ~ 18 天灌第三水、第四水，灌水量以 70 立方米左右为宜。最后一水的灌溉时间不宜过早，也不宜过晚，南疆棉区适宜停水时期一般在 8 月 25 日左右，对于砂性土壤棉田可适当增加浇水次数，在 8 月 30 日至 9 月初停水。要重视最后一水的水量，必须保证 9 月上中旬田间地表湿润。

膜下滴灌和高密度棉田，需水时间比常规沟灌有所提前。一般6月10日左右开始滴头水，对于僵苗、弱苗、晚发苗棉田头水灌溉时间可早些，对于长势较好的棉田，可推迟到6月下旬棉田见花时灌水。6月份滴水周期7～8天，每667平方米水量控制在10～15立方米，以浸润边行为宜，尽可能缩小膜上边行与中行棉苗差距，从7月初开始，加大滴水量，每次每667平方米滴水20～25立方米，滴水周期为5～7天；从8月中旬可适当减少滴水次数和滴水量，每次每667平方米滴水15～20立方米，滴水周期为10天左右。一般8月25日至9月5日停止滴水，在最后一次滴水时根据棉田情况可适当增加水量，以保证9月上中旬田间地表湿润。一般气候年份，全生育期滴水12～14次，每667平方米灌水总量为250立方米左右。

（4）化学调控　初花期每667平方米用缩节胺3～4克，对水60升；打顶后根据棉田长势，每667平方米用缩节胺6～8克，对水60升。

（5）根外施肥　为补充根系对养分的吸收，防止棉株早衰，减少蕾铃脱落，增加铃重，一般棉田从盛花期（7月15日前后）起，每667平方米用100～150克磷酸二氢钾加150～200克尿素，对水30～40升叶面喷施，7～10天喷1次，连喷2～3次。旺长棉田后期应减少或不喷施尿素；缺氮有早衰迹象的棉田，可适当增加尿素用量。

（6）适时打顶　打顶时应严格遵循“时到不等枝，枝到不等时”的原则，即季节到了不等待果枝数，果枝数达到标准不再等待季节，对于高密度（每667平方米种植1.5万株以上）的棉田，可在7月初开始打顶，7月10日结束；每667平方米种植1.2万株左右的棉田可于7月10日开始打顶，7月20前结束。打顶时摘除1叶1心，不能大把揪，不论高矮、旺苗、弱苗1次过。

4. 病虫害防治　南疆棉区危害棉花的病害主要有枯萎病和黄萎

病，主要害虫有地老虎、棉蓟马、棉蚜、棉铃虫和棉叶螨等。

（1）病害防治　首先要加强保护无病区和轻病区，规范引种，种子调运要严格检疫，不使用发病棉田生产的种子和油渣，以控制枯萎病和黄萎病的扩散和蔓延，使用包衣和杀菌剂处理种子。对于长期种植棉花的地块采用轮作倒茬，尤其是与水稻轮作，以降低枯萎病和黄萎病病菌数量；重病田选用抗病性强的品种。

（2）虫害防治　地老虎和棉蓟马防治：地老虎和棉蓟马是棉花苗期的主要害虫。防治的关键是种子包衣或药剂拌种，未包衣、拌种且地老虎或棉蓟马发生严重的地块，可在齐苗后喷施2.5%敌杀死乳油1000～1500倍液或50%辛硫磷乳油1000倍液或50%久效磷乳油1000～1500倍液，也可用油渣拌敌百虫诱杀地老虎。

①棉蚜防治。当棉田蚜虫点片发生时，应坚持隐蔽用药，可选用久效磷或氧化乐果加水稀释5倍涂茎，也可每667平方米沟施呋喃丹2.5千克或铁灭克350～400克，切勿大面积喷药；棉田大面积发生棉蚜时也应谨慎用药，可采用保护带喷药形式灭蚜。

②棉铃虫防治。棉花进入蕾铃期后应着手棉铃虫的防治，其措施为：种植玉米诱集带，棉花播种时在棉田四周种植玉米诱集带诱集棉铃虫产卵，在玉米上集中消灭棉铃虫虫卵或人工捕捉幼虫。杨树枝把诱捕，利用棉铃虫对杨树枝把的趋向性，在棉铃虫羽化期开展杨树枝把诱蛾。灯光诱杀，利用棉铃虫成虫对黑光灯和高压汞灯的趋光性，进行诱杀。化学防治，6月下旬应严密关注棉铃虫发生动态，对达到棉铃虫防治指标的棉田用赛丹进行第一次防治；间隔10日，对仍然达到防治指标的棉田，使用赛丹进行第二次化学防治。7月中旬，对棉田第二代棉铃虫可采用人工捕捉方法，减少用药，以保护天敌。

③棉叶螨防治。重在早期发现。查找中心源，及时用克螨特防治，控制其蔓延，结合灌溉减轻危害。棉花生育盛期，如果虫害发

生程度超过防治指标时，可用久效磷1000倍液加敌敌畏800倍液混合，或1000倍液氧化乐果防治。在红蜘蛛发生严重时，也可用20%三氯杀螨醇1000倍液或73%克螨特乳油1000倍液喷雾防治。

7月下旬至8月部分棉田发生棉叶螨，选用对天敌安全的杀螨剂为好，如喷施73%克螨特乳油1000～1500倍液，或5%尼索朗1000倍液，或20%三氯杀螨醇1500～2000倍液喷雾。也可涂茎，方法同防治棉蚜时采用的涂茎方法。

## 二、北疆棉区彩色棉栽培技术

### （一）目标产量、产量结构和生育进程

1. 目标产量　棕色棉每667平方米产皮棉100千克；绿色棉每667平方米产皮棉70千克。

2. 产量结构　棕色棉每667平方米收获1.4万～11.6万株，单株成铃数4.3～5.0个，每667平方米成铃数6.8万个，平均单铃重

4.5 克，衣分 33%。绿色棉每 667 平方米收获 1.4 万～1.6 万株，单株成铃数 4.8～5.3 个，每 667 平方米成铃数 7.6 万个，平均单铃重 4.0 克，衣分 23%。

3. 生育进程　4 月上中旬播种，4 月下旬至 5 月初出苗，5 月下旬至 6 月初现蕾，6 月下旬开花，8 月底至 9 月初吐絮。

## (二) 栽培技术

1. 播前准备

(1) 秋耕冬灌　9 月下旬至 10 月中旬，回收棉田废旧滴灌管和残膜，在棉花全部收获后，再用机械粉碎棉秆，随后秋耕，秋耕深度控制在 25～28 厘米，随后进行冬灌，每 667 平方米大约灌水 80～100 立方米，冬灌时要做到灌水均匀、不漏灌、不积水。没有时间进行棉秆粉碎的棉田，也可带茬秋耕或带茬冬灌。

(2) 施足基肥　每 667 平方米棉田在全生育期施用优质厩肥3～5 吨，或羊粪 1 吨，或油渣 100 千克，或 120～140 千克标准化肥，施用化肥的氮、磷、钾最佳比例为 1：（0.3～0.5）：0.1。全部有机肥和磷、钾化肥，以及氮肥总量的 40% 将在秋耕时用于深施。

(3) 化学除草　每 667 平方米使用 48% 氟乐灵 100 克，或禾耐斯 60～80 克，对水 50 升，将兑好的药在当年春季粗整地一遍后喷洒，边喷药边进行细耕，细耕深度控制在 5 厘米以上，力求不重、不漏、量准。细耕时以夜间作业为宜。

(4) 播前整地　为减少作业次数，整地时多采用复式作业。整完的地要“墒、平、松、碎、净、齐”，并且要上虚下实。整地时要人工拾膜与机械回收相结合，一定要把残膜收拾干净。

(5) 种子准备　播种的种子要选择生育期 125 天左右、抗枯萎病和黄萎病的彩色棉品种。棉籽要经过多重工序进行加工。先硫酸脱绒再机械精选，以清除破碎、瘪小的种子及杂质，使种子纯度达到95%以上，净度达到98%以上，发芽率达到85%以上，含水率小于12%。播种前，用50%敌克松（种子量的0.4%）和60%3911乳油（种子量的0.6%~0.8%），对水均匀拌种，堆闷24小时后晾干装袋备用，有条件的植棉区也可对种子进行包衣处理或购买包衣种子。

2. 适期播种

(1) 适宜播期　当膜内种子长到5厘米高，并且地面温度连续3天稳定在14℃时，就可以进行播种了，正常年份在4月8日就可以开始播种，但4月10~20日一般为最佳播期。

(2) 行距配置和播种方式　采用宽膜3膜12行16穴或18穴，超宽膜2膜12行14穴，机采棉宽膜（68+8）厘米或（66+10）厘米14穴等模式，播种深度控制在2.5~3.0厘米，播种量一般采用每667平方米播种4~5千克的标准，气吸式精量播种机每667平方米播种量为2~3千克。

(3) 播种质量要求　平整地铺膜，严实地压膜，力求做到无浮籽，错位少，播行笔直，连接行准确；播种空穴率要控制在低于3%的水平上，膜上覆土约0.5~1.0厘米，穴孔覆土要严实，可每隔10~15米用土压1条护膜带，防治大风对膜的破坏。

3. 播后管理　播种后要按时进行田间检查，清扫膜面，并做好压膜和封孔等工作；大风天气要尤其注意，要及时查膜，要及时覆土压实被风掀起的膜，并用细土将穴孔封严，以防透风跑墒，播后3天内，要做好棉田的补种、铺膜工作。出苗前中耕松土1次，力求提高地温，提高边行出苗的速度。

4. 苗期管理

(1) 做好放苗、补种工作　播种后要及时查苗，如果遇到错位的孔穴，要及时破膜放苗，放苗时要将棉苗基部孔穴用土封严；如遇下雨，雨后要做好破除封土板结的工作，提高出苗率。如果棉田

缺苗较多，就要在放苗的同时或随后催芽补种。

（2）早定苗　定苗要在两片子叶展平后开始，并在1~2片真叶展平时结束。定苗时做到匀留苗，去弱苗、病苗，留壮苗、健苗，严禁留双株，同时要注意培好“护脖土”，减少出现秧苗倒伏的情况。

（3）中耕松土　苗期需进行中耕1~2次，中耕深度控制在14~16厘米，设置护苗带8~10厘米。中耕时要做到不埋苗，行间平整、不产生大土块，行间土壤松碎平整。

（4）化学调控　化学调控要做到因苗调控，即弱苗轻控或不控、旺苗重控。化学调控一般在2~3叶期和5~6叶期进行，具体方法是2~3叶期每667平方米用缩节胺0.3克，对水20升在叶面均匀喷洒；5~6叶期每667平方米用缩节胺0.6~0.8克，对水30升，在叶面均匀喷洒。

（5）根外追肥　根外追肥要从秧苗小时候开始做起，从2~3片真叶时起，每667平方米用磷酸二氢钾100克加尿素150克，对水45升在叶面均匀喷施2~3次，以促进棉苗生长。

（6）防治害虫　要加强虫情调查，一旦发现有棉叶螨、棉蚜的虫株，就要及时拔除；如果虫害点片发生，就要用涂茎、滴心的方法来进行防治。

5. 蕾期管理

（1）中耕除草　蕾期秧苗要进行中耕1~2次，中耕深度要控制在16~18厘米，设置保护带10厘米，那些护苗带和株间等机械作业不方便的地方，要人工清除杂草。

（2）适时滴水　棉苗要适时进行滴水处理，蕾期（6月上中旬）要滴灌2次，每667平方米约灌水20立方米；滴灌时每667平方米加尿素2.5~3.0千克，第一、第二次滴水每667平方米分别加磷酸二氢钾200~450克和550~850克。

(3) 化学调控　第一次滴水之前，每667平方米用缩节胺2～3克，对水45升，在叶面上进行喷洒。主要作用于中下部主茎节间和下部果枝，以促进其生长。

(4) 防治虫害　针对虫情发生的具体情况，采取相应的措施。如果棉叶螨、棉蚜发生在点片，就可以采用抹、摘、拔、滴等方法进行挑治，从而达到防止虫害蔓延的目的（涂茎可用40%氧化乐果乳油或用50%的久效磷乳油，对水5～7倍后，涂抹在主茎的红绿交界处。滴心可用50%的久效磷乳油，对水40倍后，滴在秧苗主茎的顶端）。

6. 花铃期管理

(1) 揭膜　如果是地面沟灌的棉田，那么就应该在头水前3天进行人工揭膜，进而防止薄膜造成白色污染。

(2) 追施花铃肥　对于地面沟灌的棉田，可以将剩下的氮肥总量的60%分别追施在第一水和第二水之前。对于膜下滴灌的棉田，可在花铃期第一次至第五次滴灌时每次每667平方米加尿素3.5～4.0千克和磷酸二氢钾0.85～1.20千克滴施，进行适当追肥。

(3) 灌溉　地面沟灌棉田，在其全生育期内要进行3～4次灌溉。第一次灌溉的时间大致在6月下旬至7月上旬，每667平方米灌水量约70～80立方米。但也要具体情况具体对待，对于部分缺墒、弱苗的棉田，为了更好地促进棉苗的生长，缓解旱情，就需要早灌头水，灌水的时间可控制在6月10～20日。头水灌溉后，也要根据苗情，每隔15～18天就进行第二和第三次灌溉，每667平方米约灌水90立方米。前期灌溉大约在8月20日前后停止，最后一次灌溉也十分重要，每667平方米约需灌水80立方米左右。凡是8月5日前已经灌溉了第三水和有旱情出现的棉田，均需要补灌第四水，每667平方米灌水量60立方米左右。如果是膜下滴灌的棉田，那么6月花铃期需滴水8次，每次以每667平方米滴水20～25立方米

为宜。

（4）根外追肥　8 月份是进行根外追肥的最佳时期，尤其是有早衰表现的棉田，要每 667 平方米用磷酸二氢钾 150～200 克+尿素 200 克，或加其他微肥，对水 40 升后在叶面进行喷施，不间断地进行喷施2～3 次，以此来减缓叶片衰老，增强秧苗根系的活力，促进根系对营养的吸收，达到增铃、高产的目的。

（5）适时打顶　选择合适的打顶时间，要坚持“枝到不等时，时到不等枝”的原则，北疆棉区适宜的打顶时间大约在 7 月 10 日左右，但也要具体问题具体分析，密度大的棉田要早打顶、密度小的则要晚打。密度每 667 平方米在 1.4 万株以上的，要适当地留 7～8 台；密度为每 667 平方米1.2 万～1.4 万株时，就要有选择地留 9～10 台。打顶必须要打去 1 叶 1 心，并将顶心带出田外进行深埋处理。

（6）化学调控　初花期的化学调控，每 667 平方米棉田要用缩节胺 3～4 克，对水 40 升后在叶面喷洒；打顶后 4～5 天，每 667 平方米用缩节胺 6～8 克，对水 60 升后在叶面喷洒。

（7）防治虫害　花铃期危害棉田生长的主要害虫有棉铃虫、棉叶螨和棉蚜。棉铃虫的防治多采用灯光、性诱剂、杨树枝把、玉米诱集带诱杀，也可用生物农药 Bt 防治，棉叶螨的防治用得更多的是杀螨剂，如三氯杀螨醇、螨天杀、螨无敌等。对虫害的防治要坚持及时的原则，坚决将其控制在点片发生阶段，消灭虫害满眼的可能性。；同时，在防治虫害的同时也要注意保护棉田虫害的天敌，所以棉蚜的防治尽可能采用滴心、涂茎等隐蔽用药方法。要禁止在棉田大面积地喷洒广谱性杀虫剂，以保护害虫的天敌。

7. 吐絮期管理及收花

（1）清除杂草　在棉田生长的后期及时清除棉田杂草，有利于通风透光，促进棉蕾早吐絮，保证拾花的质量，减少第二年田间杂草的丛生。

（2）棉田催熟　对已经到了棉田成熟期还迟迟未熟的贪青晚熟棉田，要采取一定的措施来保证高产。具体做法是在霜前7天每667平方米喷催枯剂百朵100～120克或乙烯利100～150克左右，兑水15～20升，尽快地催熟棉田。

（3）适时进行采收，提高棉花品质　在棉花吐絮后7～10天，就要及时组织拾花。拾花时要进行严格地分级，做到霜前花和霜后花分开，好花与僵瓣花分开，留种花与一般花分开。同时，还要拾净落地花。